MÜNCHNER STUDIEN
ZUR
SOZIAL- UND WIRTSCHAFTSGEOGRAPHIE

in

MÜNCHNER UNIVERSITÄTS-SCHRIFTEN

MÜNCHNER STUDIEN ZUR SOZIAL- UND WIRTSCHAFTSGEOGRAPHIE

Herausgeber:

Institut für Wirtschaftsgeographie der Universität München

KARL RUPPERT   HANS-DIETER HAAS

Schriftleitung: Thomas Polensky

BAND 33

Bayern – Aktuelle Raumstrukturen im Kartenbild

Zusammengestellt von:
K. Ruppert

Mit Beiträgen von:

R. Borsch, R. Fleischmann, P. Gräf, H.-D. Haas, B. Harrer, G. Lelkes, S. Lempa,
P. Lintner, R. Metz, R. Paesler, Th. Polensky, K. Ruppert

Computerkartographie: P. Lintner

VERLAG MICHAEL LASSLEBEN KALLMÜNZ/REGENSBURG

1987

Gedruckt mit Unterstützung aus Mitteln der Münchner Universitäts-Schriften

Alle Rechte vorbehalten
Ohne ausdrückliche Genehmigung des Verlages in Übereinkunft mit dem Herausgeber ist es nicht gestattet, das Werk oder Teile daraus nachzudrucken oder auf photomechanischem Wege zu vervielfältigen.
© 1987 by Verlag Michael Laßleben, Kallmünz/Regensburg
ISBN 3 7847 6533 5

Buchdruckerei Michael Laßleben, 8411 Kallmünz über Regensburg

Aktuelle Raumstrukturen Bayerns im Kartenbild

Das Institut für Wirtschaftsgeographie legt zum Deutschen Geographentag 1987 in München eine Publikation vor, die in der Institutsreihe "Münchner Studien zur Sozial- und Wirtschaftsgeographie" eine Sonderstellung einnimmt. In den bisher erschienenen Heften wurden meist Dissertationen, Ergebnisse wissenschaftlicher Kolloquien, wissenschaftliche Gutachten etc. mit vorwiegend textlichem Inhalt veröffentlicht, ergänzt durch Karten. Hier handelt es sich um einen Band, der ausgewählte Raumstrukturen eines Bundeslandes kartographisch erfaßt und kurz kommentiert. Das Ziel ist nicht, dem Leser ausführlich interpretierte Karten vorzustellen, sondern vielmehr, einen raschen Überblick über raumdifferenzierende Sachverhalte zu ermöglichen. Neben einer Vielzahl von Computerkarten und Diagrammen werden skizzenhafte Begleittexte angeboten, die Grundmuster der räumlichen Organisation Bayerns erkennen lassen. Die Zusammenfassung aller Kreise unter dem Gesichtspunkt regionaltypischer Kriterien und die themenbezogene Darstellung durch ein Struktursymbol bieten weitere Ansätze für gebietsspezifische Grobaussagen.

Die Herausgabe der vorliegenden Publikation hat mehrfache Gründe. Neben dem Anlaß des Deutschen Geographentages spielt die Tatsache eine Rolle, daß die letzte Volkszählung schon über eineinhalb Jahrzehnte zurückliegt, die nächste Erhebung zwar im Mai 1987 stattfand, ihre Ergebnisse aber erfahrungsgemäß erst nach einer längeren Auswertungszeit zur Verfügung stehen werden. Es war daher unsere Absicht, dem interessierten Leser aus unterschiedlichen Quellen ein leicht greifbares Übersichtswerk anzubieten und so in gewisser Weise diese zeitliche Lücke zu überbrücken, zumal eine Reihe publizierter Unterlagen existiert - auch graue Literatur -, die öffentlich nicht immer leicht greifbar sind.

Besonderer Wert wurde auf die Verwendung möglichst aktueller Daten gelegt. Um eine gewisse Einheitlichkeit der Darstellung beizubehalten, wurde grundsätzlich auf die Kreisgliederung Bezug genommen, obwohl in manchen Fällen eine tiefergehende Gliederung möglich gewesen wäre. Infolgedessen mußte manch räumliche Nivellierung in Kauf genommen werden, die sich zwangsläufig aus der Bezugsebene Kreis ergibt. Dies macht sich für den Interpreten dann nachteilig bemerkbar, wenn die Grenzen der Kreise stark unterschiedliche Raumstrukturen umschließen, wie dies z.B. am Alpennordrand der Fall ist. Eine Einschränkung der Darstellung war erwartungsgemäß auch durch die derzeitige, begrenzte Verfügbarkeit der Daten gegeben. Überdies soll eine gewisse Subjektivität bei der Kartenauswahl nicht verschwiegen werden. Manche Sachverhalte sind aufgrund der Datenlage besser (z.B. Landwirtschaft), andere weniger umfassend dargestellt (z.B. tertiärer Sektor), nur zum Teil konnten Ersatzdaten und Schätzungen herangezogen werden.

Publikationen von Computerkarten sind nicht neu. Erinnert sei u.a. nur an den Computeratlas Berlin, Struktur- und Computeratlanten der Schweiz usw. Speziell für Bayern ist - in der Öffentlichkeit leider viel zu wenig bekannt - die bereits 1971 vom damaligen Bayerischen Statistischen Landesamt herausgegebene "Kartographie der bayerischen Kreise" zu erwähnen, die noch auf dem Gebietsraster vor der Kreisgebietsreform 1972 aufbaute. Sie kann zusammen mit der vorliegenden Publikation zu interessanten Vergleichen über Persistenz und Wandel räumlicher Strukturen Bayerns herangezogen werden.

Das Ziel des rechtzeitigen Erscheinens dieser Veröffentlichung konnte nur durch eine gute Zusammenarbeit unter den Autoren erreicht werden. Sie alle gingen bereitwillig auf meinen Vorschlag ein, eine kommentierte Materialsammlung in der vorliegenden Art zu schaffen. Besonders möchte ich in diesem Zusammenhang Herrn Dr. Lintner erwähnen, der seit Jahren die EDV-Ausbildung unserer Studenten betreut und, zusammen mit zahlreichen studentischen Hilfskräften, die Hauptlast der Kartenerstellung zu tragen hatte.

K. Ruppert

Inhaltsverzeichnis   Seite

Aktuelle Raumstrukturen Bayerns im Kartenbild.. 5
Inhaltsverzeichnis.. 7
Einleitung.. 11

I Flächennutzung
Karte 1: Typisierung der Freiraumnutzungen 1984.......................... 18
Karte 2: Typisierung der Siedlungsflächennutzung 1984.................... 20
Karte 3: Siedlungsintensität 1984.. 22
Karte 4: Veränderung der Siedlungsfläche 1980-1984....................... 24
Karte 5: Veränderung der Siedlungsfläche pro Einwohner 1980-1984......... 26

II Bevölkerung
Karte 6: Einwohnerdichte 1985.. 28
Karte 7: Bevölkerungsveränderung 1840-1985............................... 30
Karte 8: Bevölkerungsveränderung 1965-1985............................... 32
Karte 9: Natürliche Bevölkerungsbewegung 1984/1985....................... 34
Karte 10: Räumliche Bevölkerungsbewegung 1984/1985........................ 36
Karte 11: Bevölkerungsbewegung insgesamt 1984/1985........................ 38
Karte 12: Über 64-jährige 1985.. 40
Karte 13: Veränderung der Zahl der über 64-jährigen 1970-1985............. 42
Karte 14: Veränderung der Anteile der über 64-jährigen an der Bevölkerung 1970-1985... 42
Karte 15: Ausländer 1985.. 44
Karte 16: Steuerpflichtige mit einem Einkommen unter 25.000 DM 1980....... 46
Karte 17: Steuerpflichtige mit einem Einkommen von 50.000 DM und mehr 1980.... 48
Karte 18: Typisierung der Einkommenssituation 1980 - Anteile Steuerpflichtiger nach Einkommensgruppen -.. 50
Karte 19: Sozialhilfeempfänger 1985....................................... 52
Karte 20: Typisierung der Sozialstruktur - Clusteranalyse -............... 54

III Siedlung
Karte 21: Ortsteile pro Gemeinde 1978..................................... 56
Karte 22: Wohnungen pro Wohngebäude 1985.................................. 58
Karte 23: Ein- und Zweiraumwohnungen 1985................................. 60
Karte 24: Ein- und Zweiraumwohnungen in Abhängigkeit von der Zahl der Wohnungen pro Wohngebäude - Regressionsanalyse................................ 60
Karte 25: Wohnbautätigkeit 1980-1985...................................... 62
Karte 26: Nutzflächenzuwachs in Nichtwohngebäuden 1983-1985............... 64
Karte 27: Preise für baureifes Land 1984.................................. 66
Karte 28: Preise für baureifes Land in Abhängigkeit von der Siedlungsdichte - Regressionsanalyse -... 66

IV Wirtschaftskraft und Erwerbsstruktur
Karte 29: Bruttoinlandsprodukt (BIP) 1982................................. 68
Karte 30: Steuereinnahmekraft 1985.. 70

Karte 31: Veränderung der Steuereinnahmekraft pro Einwohner 1980-1985.......... 70
Karte 32: Erwerbsstruktur nach Wirtschaftssektoren 1983....................... 72
Karte 33: Veränderung der Zahl der Beschäftigten 1975-1985.................... 74
Karte 34: Veränderung der Zahl der Beschäftigten im sekundären Sektor 1975-1985 76
Karte 35: Veränderung der Zahl der Beschäftigten im tertiären Sektor 1975-1985 76
Karte 36: Arbeitslosigkeit 1984... 78

V Primärer Sektor

Karte 37: Landwirtschaftliche Betriebe mit 20 und mehr ha LF 1985.............. 80
Karte 38: Landwirtschaftliche Pachtfläche (ha) pro Betrieb 1979................ 82
Karte 39: Landwirtschaftliche Betriebe mit überwiegend außerbetrieblichem Einkommen 1983... 84
Karte 40: Ackerflächenanteil 1983... 86
Karte 41: Ackerflächenanteil 1983... 86
Karte 42: Rinderhaltung 1984.. 88
Karte 43: Milchkuhhaltung 1984.. 90
Karte 44: Entwicklung der Milchkuhhaltung 1979-1983............................ 90
Karte 45: Typisierung der landwirtschaftlichen Betriebe nach der Betriebsform 1983 - Clusteranalyse -... 92
Karte 46: Anteil der Landwirtschaft an der Bruttowertschöpfung (BWS) 1982...... 94
Karte 47: Erwerbstätige in der Land- und Forstwirtschaft 1983.................. 94

VI Sekundärer Sektor

Karte 48: Industriedichte 1985.. 96
Karte 49: Industriebesatz 1985.. 98
Karte 50: Industriebeschäftigte in Abhängigkeit von der Zahl der Beschäftigten insgesamt 1985 - Regressionsanalyse -.................................... 100
Karte 51: Betriebsgrößen im Verarbeitenden Gewerbe 1985....................... 102
Karte 52: Beschäftigte im Investitionsgütergewerbe 1985....................... 104
Karte 53: Angestellte im Verarbeitenden Gewerbe 1985.......................... 106
Karte 54: Frauen im Verarbeitenden Gewerbe 1985............................... 108
Karte 55: Ausländer im Verarbeitenden Gewerbe 1985............................ 110
Karte 56: Löhne und Gehälter im Verarbeitenden Gewerbe 1985 (Betriebe mit 20 und mehr Beschäftigten)... 112
Karte 57: Typisierung nach ausgewählten Industriemerkmalen und dem Tertiärisierungsgrad - Faktorenanalyse -... 114
Karte 58: Anteil des Verarbeitenden Gewerbes an der Bruttowertschöpfung (BWS) 1982... 116

VII Tertiärer Sektor

Karte 59: Anteil des Dienstleistungssektors an der Bruttowertschöpfung (BWS) 1982... 116
Karte 60: Fremdenverkehrsintensität 1985...................................... 118
Karte 61: Betten pro 100 Einwohner 1985....................................... 120
Karte 62: Aufenthaltsdauer im Fremdenverkehr 1985............................. 120
Karte 63: PKW-Besatz 1984... 122
Karte 64: Volksschüler 1984... 124
Karte 65: Gymnasiasten 1984... 124
Karte 66: Übertrittsquoten an Gymnasien im Schuljahr 1981/82................... 126

VIII Infrastruktur und Entsorgung

Karte 67: Kindergartenplätze 1985... 128

Karte 68: Altenheimplätze 1985... 130

Karte 69: Krankenhausbetten 1984... 130

Karte 70: Eingesammelte Haus- und Sperrmüllmenge 1984........................ 132

Karte 71: Altglassammelmenge 1983.. 132

IX Kommunikation

Karte 72: Breitband-Kabelanschlüsse (Potential) 1986........................... 134

Karte 73: Nutzungsquote der Breitband-Kabelanschlüsse 1986..................... 136

Karte 74: Telematikadoption (Telefax, Teletex, Btx) 1985....................... 138

Karte 75: Regionale und lokale Abonnement-Tageszeitungen 1986.................. 140

Karte 76: Anteile der Abonnement-Tageszeitungen an allen verkauften Tageszeitungen 1985... 142

Karte 77: Verbreitung von Abonnement-Tageszeitungen 1985....................... 144

Karte 78: Verbreitung von Abonnement- und Kaufzeitungen (Tageszeitungen) 1985.. 146

Karte 79: Anteile der Regionalausgaben von Tageszeitungen (ohne Boulevardpresse) 1985... 148

Kartengrundlage

Strukturräumliche Zuordnung der Landkreise und kreisfreien Städte in Bayern ... 150

Karte 80: Landkreise und kreisfreie Städte in Bayern........................... 152

Einführung

In dem vorliegenden Band hat sich das Institut für Wirtschaftsgeographie die Aufgabe gestellt, einem breiten Leserkreis grundlegende Kenntnisse über raumstrukturelle Gegebenheiten und deren Dynamik im Bundesland Bayern zu vermitteln. Vor dem Hintergrund eines wirtschafts- und sozialgeographischen Überblicks sollen die hier zusammengestellten Ergebnisse auch als Arbeitsmaterial bzw. als Ausgangspunkt für weiterreichende geographische Fragestellungen geeignet sein.

Um diesem Anspruch gerecht zu werden mußten notwendigerweise von den Autoren umfassende Setzungen getroffen werden. Sie reichen von der Auswahl der Daten, über die Festlegung der räumlichen Bezugseinheiten bis hin zu den verwendeten quantitativen Verfahren. Die letztlich gewählte Vorgehensweise wird im folgenden im Hinblick auf das Verständnis der wichtigsten Arbeitsschritte kurz erläutert. Damit sollte auch einem Personenkreis dem das geographische Methodenspektrum nicht vertraut ist, eine praktische Anwendung dieses Bandes ermöglicht werden. Da eine umfassende Darstellung der Verfahren an dieser Stelle nicht möglich ist, muß auch auf entsprechende Abhandlungen in der Literatur verwiesen werden. Für weitergehende Auskünfte, insbesondere zu den technischen Details, steht das Institut für Wirtschaftsgeographie gerne zur Verfügung.

Gebietsbezug

Ausgehend von dem Entschluß, alle Karten auf der gleichen räumlichen Bezugsebene anzufertigen, standen bei deren Auswahl zwei Kriterien im Vordergrund: eine größtmögliche kleinräumliche Differenzierung und eine möglichst aussagekräftige Anzahl von Merkmalen aus amtlichen oder anderen Quellen.

Um dem erstgenannten Postulat zu entsprechen, erschien es zunächst angebracht, die Kartierungen auf der Basis der Gemeinden durchzuführen, die die kleinste gebietsdeckende statistische Einheit darstellen. Das Fehlen wichtiger aktueller Daten, nicht zuletzt aufgrund der lange zurückliegenden Volkszählung, ließen es jedoch ratsam erscheinen, eine andere größere Verwaltungsebene zu verwenden. Es wäre nicht möglich gewesen, einen großen Teil der jetzt vorliegenden Dokumentation auf Gemeindeebene zu erstellen, wie etwa die wichtigen Karten zur Alters- und Einkommensstruktur. Ebenso wichtig für den Entschluß, größere Gebietseinheiten zu wählen, war das Problem der Geheimhaltung aus Gründen des Datenschutzes bei den Gemeindedaten. Die damit verbundene Einschränkung, die nur selten auf der Ebene der Landkreise auftritt, hätte vielfach flächendeckende Aussagen, z.B. im Bereich der Industrie- und Beschäftigtenstatistik, unmöglich gemacht.

Diese Aussagen für die Gemeinden treffen leider auch auf die Nahbereiche weitgehend zu, funktionsräumliche Einheiten, die aufgrund ihrer geringen Größe eine durchaus befriedigende kleinräumliche Differenzierung ermöglicht hätten.[1] Allerdings liegen seit längerer Zeit keine amtlichen Statistiken mit diesem Gebietsbezug vor.

---

[1] vgl. K. Ruppert/H. Esterhammer/P. Lintner/Th. Polensky, Zum Wandel räumlicher Bevölkerungsstrukturen in Bayern - 2. Teil: Die Entwicklung der Nahbereiche, in: Veröffentlichungen der Akademie f. Raumforschung u. Landesplanung, Forschungs- und Sitzungsberichte Bd. 130, 1981

Vor diesem Hintergrund blieb schließlich nur die Wahl der Landkreise und kreisfreien Städte als Bezugsebene übrig, ein Kompromiß zwischen der angestrebten Kleinteiligkeit und der Notwendigkeit einer breiten Informationsbasis. Positiv ist dabei anzumerken, daß diese 96 Gebietseinheiten[1] (25 kreisfreie Städte und 71 Landkreise) zumindest in Ansätzen die wichtigsten raumrelevanten Phänomene und Prozesse erkennen lassen und daß neben dem umfangreichen amtlichen Datenmaterial eine Reihe von Hilfsquellen Informationen auf Kreisbasis bereithalten (siehe Abschnitt Datenquellen). Negativ zu bewerten ist dagegen das Problem, daß bestimmte raumtypische Situationen nicht in ihrer vollen Tragweite bzw. in ihren realen Grenzen erfaßt werden können. Beispielhaft sei hier auf Aspekte des Fremdenverkehrs verwiesen, dessen räumliche Ausprägung im Betrachtungsrahmen der Kreise nur unzureichend abgebildet werden kann. Ähnliches gilt auch in anderen Bereichen (Landwirtschaft, Bevölkerung etc.), wenngleich dort das Ausmaß der Generalisierung in der Regel geringer ausfällt. Ein weiteres Problem ergibt sich durch die Aufgliederung in Landkreise und kreisfreie Städte: sie führt bei einigen Merkmalen zu einer starken Abweichung der Häufigkeitsverteilung von einer Normalverteilung, was sich meist in einem kleineren Nebenmaximum äußert. Als Konsequenz daraus bilden die Städte bei der Kartierung oft den städtischen Strukturmustern entsprechende Extremgruppen. Zudem mußte bei der Anwendung verschiedener statistischer Verfahren, z.B. bei der Berechnung von Korrelationskoeffizienten, dieser Umstand berücksichtigt werden. Eine Aggregation der Werte der kreisfreien Städte mit den umliegenden Landkreisen zur Behebung dieser Schwierigkeiten, wie sie etwa im Bayerischen Agrarbericht[2] praktiziert wird, wurde jedoch aufgrund des damit verbundenen Informationsverlustes verworfen. Dieses Vorgehen rechtfertigt sich in einer deutlicheren Differenzierung ländlicher und städtischer Strukturen und in besser erkennbaren Umlandphänomenen.

Datenquellen:

Die Schwierigkeit der Datenbeschaffung im 16. Jahr nach der Volkszählung 1970 und unter den Bedingungen eines verschärften Datenschutzes wurde bereits in den vorangegangenen Ausführungen angesprochen. Trotzdem basiert der weitaus größte Teil der für diesen Band erstellten Karten auf Zahlen des Bayerischen Landesamtes für Statistik und Datenverarbeitung. Diese Angaben resultieren zum Teil aus gesonderten Erhebungen (z.B. Landwirtschaft und Flächennutzung) oder auch aus Bestandsfortschreibungen (z.B. Bevölkerung und Wohnungswesen), soweit diese für die einzelnen Themenbereiche verfügbar sind. Die somit unterschiedlich umfangreiche Erfassung von Daten zu den verschiedenen Untersuchungsgegenständen bildet sich notwendigerweise in der Zahl entsprechender Karten im vorliegenden Band ab. Während etwa im Bereich der Agrarwirtschaft oder der Bevölkerung auf einen umfangreichen Fundus von amtlich erfaßten Merkmalen zurückgegriffen werden kann, sind die Möglichkeiten im Hinblick auf die Darstellung verkehrsgeographischer Aspekte oder bildungsfunktionaler Elemente eher dürftig. Insgesamt wurden schließlich rund 200 Einzelmerkmale der amtlichen Statistik bei der Anfertigung der Karten verwendet.

---

[1] Zum Abgrenzungsverfahren vgl. K. Ruppert/R. Paesler, Raumorganisationen in Bayern, in: WGI-Berichte zur Regionalforschung, Bd. 16, Kallmünz 1984, S. 19 ff

[2] Bayer. Staatsministerium für Ernährung, Landwirtschaft und Forsten, Bayerischer Agrarbericht 1986, München 1986, Kartenteil

Besondere Bedeutung kommt in dieser schwierigen Situation ergänzenden Quellen der Datenbeschaffung zu. Eine ganze Reihe von Behörden, Organisationen und Verbänden führen auf Kreisbasis eigene Statistiken mit oft recht wertvollen Informationen. Als Beispiele für solche "graue" Statistiken können angeführt werden:

- die Übertrittsquoten an Gymnasien, geführt vom Staatsinstitut für Bildungsplanung München
- zahlreiche agrarwirtschaftliche Merkmale, dokumentiert im Bayerischen Agrarbericht des Staatsministeriums für Ernährung, Landwirtschaft und Forsten
- Daten zur Verbreitung von Tageszeitungen, erfaßt durch die Informationsgemeinschaft zur Verbreitung von Werbeträgern.

Durch diese Informationen hat das hier abgehandelte Themenspektrum eine wertvolle Ergänzung gefunden.

Kartographische Umsetzung

Die aus den verschiedenen Datenquellen zusammengestellten Merkmale wurden in einem ersten Schritt in einer eigenen Datenbank abgelegt. Die Speicherung und alle nachfolgend skizzierten Arbeitsschritte wurden über die Großrechenanlage des Leibniz-Rechenzentrums der Bayerischen Akademie der Wissenschaften in München abgewickelt (Control Data Cyber 875 bzw. 995 E; Betriebssystem NOS). Dabei fanden sowohl selbsterstellte FORTRAN-Programme als auch gängige Statistikpakete (SPSS9 und SPSSX) Verwendung.

Im Hinblick auf eine fundierte Gruppenbildung wurden für die zu kartierenden Sachverhalte Häufigkeitsverteilungen ermittelt und entsprechende deskriptive Statistiken errechnet. In der Regel erfuhr dieser Überblick durch die Bestimmung der Werte für die 11 strukturräumlichen Bereiche, wie sie im Struktursymbol dokumentiert sind, eine wichtige Ergänzung. Nur in Ausnahmefällen, bei den einzelnen Typisierungsansätzen, waren komplexere Rechengänge notwendig (siehe Abschnitt "Quantitative Methoden"). Einen Abschluß fanden diese Vorarbeiten in der Erstellung der Eingabedateien mit den entsprechenden Daten für die Graphikprogramme.

Die eigentliche kartographische Umsetzung erfolgte über zwei FORTRAN-Programme unter Verwendung verschiedener Dienstroutinen des Graphiksystems am Leibniz-Rechenzentrum. Der Unterschied zwischen den beiden Programmen liegt in der Darstellungsform: flächendeckende Schraffuren einerseits und die Kombination aus Quadratsignatur und Schraffur zur gleichzeitigen Dokumentation zweier Merkmale andererseits. Obwohl eine ganze Reihe solcher Kartenprogramme von verschiedenen Institutionen vorliegen[1], handelt es sich hierbei um völlig eigenständige Entwicklungen am Institut für Wirtschaftsgeographie, die im wesentlichen die nachgenannten Ziele verfolgen:

- es sollen möglichst wenige Abstriche von gängigen kartographischen Standards akzeptiert werden
- die Flexibilität der Programme sollte so groß sein, daß eine manuelle kartographische "Nachbereitung" auch bei komplexen Sachverhalten entfällt

---

[1] vgl. z.B. G., Peyke, Vorausschätzung der Wanderungen, Raumordnerische Orientierungsdaten für Bayerns Nahbereiche. EDV-Programme zur Analyse, Fortschreibung und computerkartographischen Darstellung räumlicher Mobilitätsmuster, in: Augsburger Sozialgeographische Hefte, Nr. 5, 1979

- um eine möglichst weite Verbreitung im Forschungs- und Lehrprogramm des Instituts und einen rationellen Einsatz zu gewährleisten, sollte die Anwendung so einfach gehalten werden, daß sie auch einem Personenkreis mit geringer EDV-Erfahrung ermöglicht wird.

Ein gewisses Problem, das sei randlich angemerkt, ist in den eingeschränkten Rasterungsmöglichkeiten des auf einfachen Linien aufgebauten Graphiksystems am Leibniz-Rechenzentrum in seiner mehr technisch-naturwissenschaftlichen Ausrichtung zu sehen. Hier hätte die Verwendung anderer Systeme in vielen Fällen sicher komfortablere Lösungen geboten. Die Wahl der in der Geographie weniger üblichen Quadratsignaturen erfolgte vor dem Hintergrund der Erfahrung, daß Versuche mit Kreisen bei gleichem kartographischen Qualitätsanspruch (z.B. Aussparung von Überschneidungen) zu einer extremen Steigerung der beanspruchten Rechnerkapazität führten und unter Gesichtspunkten der Effektivität verworfen werden mußten.

Quantitative Verfahren

Wie im vorangegangenen Abschnitt bereits erläutert, waren zur Erstellung der meisten Karten keine aufwendigen quantitativen Verfahren erforderlich. Die zugrundegelegten Analysen der Verteilungen und der kennzeichnenden Mittelwerte und Streuungsmaße und deren Nutzanwendung benötigen als allgemein bekannte Methode keine weitere Erläuterung. Ähnliches gilt auch für einfache Typisierungen, die z.B. aus Verteilungen in einem Dreiecksdiagramm abgleitet wurden (vgl. Karte 1, Karte 2 oder Karte 18). Anders verhält es sich bei den Karten, die als Resultat relativ komplizierter Rechenschritte entstanden sind. Ursache für deren Aufnahme in die Kartenserie war die Überlegung, zusätzlich Ansätze synthetischer Betrachtungen in Form komplexer Typisierungen als wichtiges geographisches Anliegen miteinzubringen. Zu diesem Zweck wurden drei gängige Verfahren im Rahmen der Regionalforschung gewählt: die Regressionsanalyse, die Faktorenanalyse und die Clusteranalyse. Die folgenden kurzen Ausführungen umreißen lediglich das Prinzip und die spezifische Anwendung im vorliegenden Band, um auch den Lesern, die mit solchen Methoden weniger vertraut sind, eine eigenständige Interpretation der entsprechenden Karten zu ermöglichen, im Hinblick auf eine umfassende Einführung wird auf die entsprechende Literatur verwiesen.

Regressionsanalyse[1]

Die Regressionsanalyse dient der Beschreibung linearer Beziehungen zwischen Merkmalen, wobei eine eindeutige Richtung des Zusammenhangs im Sinne einer funktionalen Abhängigkeit unterstellt wird. Im einfachsten Fall wird eine signifikante Assoziation zweier Merkmale x und y beobachtet (mit steigenden x-Werten steigen bzw. fallen die y-Werte), wobei thesenhaft z.B. x als unabhängige und y als abhängige Variable anzusehen ist.

Ideale lineare Relationen im Sinne einer Funkion $y = b_1 x + b_0$ treten aber bei geographischen Fragestellungen praktisch nie auf. Die ermittelte Regressionsgerade nähert die

---

[1] Eine allgemeine Einführung findet sich bei: G.B., Norcliffe, Schließende Statistik für Geographen, Berlin, Heidelberg, New York 1981, S.197 ff. oder ausführlicher bei: H., Riedwyl, Regressionsgerade und Verwandtes, in: Uni-Taschenbücher 923, Bern, Stuttgart 1980.

Verteilung der y-Werte in Abhängigkeit von den x-Werten durch Minimierung der Abstandsquadrate lediglich an. Eine solche Näherungslösung stellt ein Modell dar, anhand dessen sich aus bekannten x-Werten die y-Werte abschätzen lassen. Die entsprechende Funktion lautet:

$$y_{geschätzt} = b_1 \cdot x_{empirisch} + b_0$$

Für die empirisch erfaßten y-Werte, die von dieser Geraden mehr oder weniger abweichen, muß die Gleichung um eine entsprechende Komponente e ergänzt werden.

$$y_{empirisch} = b_1 \cdot x_{empirisch} + b_0 + e$$

Die residuale Größe e kann, abgesehen von möglichen Meßfehlern, auf die Wirkung anderer unabhängiger Variablen zurückgeführt werden, da die meisten geographisch relevanten Phänomene als "multivariat" anzusehen sind.[1]

Die Dokumentation der relativen Abweichung empirischer y-Werte von geschätzten Werten, wie sie in den Karten 24 und 28 erfolgt ist, soll somit u.a. Rückschlüsse auf Einflüsse ermöglichen, die sich einer unmittelbaren Messung entziehen. So wurde bei der Karte 28 davon ausgegangen, daß die Bevölkerungsdichte als Nachfragepotential maßgeblichen Einfluß auf die Höhe des Bodenpreises ausübt. Eine solche Beziehung ließ sich auch tatsächlich nachweisen und durch eine lineare Funktion annähern. Die Kartierung der Restschwankungen stellt dabei den Versuch dar, räumliche Bewertungsunterschiede, möglichst unabhängig von der Größe der lokalen Nachfrage, stärker herauszuarbeiten.

Faktorenanalyse[2]

Wie bereits angesprochen, sind die in der Geographie analysierten räumlichen Struktur- und Prozeßmuster nie von einer einzigen Einflußgröße abhängig. Phänomene, wie etwa die Urbanisierung, werden durch eine ganze Reihe von Merkmalsausprägungen (Geburtenziffern, Einpersonenhaushalte etc.) dokumentiert und damit erfaßbar. Das Ziel der Faktorenanalyse besteht in erster Linie darin, solche "Variablenbündel", die gemeinsam eine komplexe Erscheinung repräsentieren, aufzudecken und in einem Faktor als resultierende Größe zusammenzufassen.

Ausgangspunkt der Faktorenanalyse ist somit eine Korrelationsmatrix aller eingehenden Merkmale, um mögliche lineare Assoziationen zu ermitteln. Die extrahierten Faktoren[3] sollten, insbesondere auch im Hinblick auf ihre Interpretation, zwei Bedingungen erfüllen: einmal einer möglichst optimalen Annäherung der Merkmalsgruppen, die in enger Beziehung zueinander stehen und zum anderen einer weitreichenden Unabhängigkeit von anderen Faktoren. Die Faktorenwerte, also die Ausprägung der Faktoren in den beobachteten Raumeinheiten, bilden dann die Grundlage für die räumliche Typisierung und die Zusammenfassung ähnlich strukturierter Objekte.

Im vorliegenden Band kommt die Faktorenanalyse nur einmal bei der Karte 57 zur Anwendung, in der u.a. versucht wird, aus eng assoziierten Merkmalen wie dem Lohn- und Gehaltsniveau, der Betriebsgröße, dem Qualifikationsniveau der Mitarbeiter und dem Grad der Exportorientierung einen Faktor für eine spezielle Form prosperierender Industrie zu ermitteln.

---

[1] vgl. Norcliffe, G.B., a.a.O., S. 198
[2] Als allgemeine Einführung ist zu empfehlen: Schuchard-Ficher, Chr., u.a., Multivariate Analysemethoden, Berlin, Heidelberg, New York 1980, S. 213 ff oder
Bahrenberg, G./Giese, E., Statistische Methoden und ihre Anwendung in der Geographie, in: Teubner Studienbücher Geographie, Stuttgart 1975, S. 202 ff.
[3] Zur Methode der Faktorenextraktion s.a. Schuchard-Ficher, Chr., u.a., a.a.O., S. 223ff.

Clusteranalyse[1]

Im Vergleich zur Faktorenanalyse hat die Clusteranalyse im Rahmen geographischer Arbeiten in den letzten Jahren stark an Bedeutung gewonnen. Ihr Ziel besteht in einer Gruppenbildung der untersuchten Objekte im Hinblick auf die Abgrenzung weitgehend homogener Strukturtypen, wobei gleichzeitig durchaus unterschiedliche Eigenschaften in die Berechnungen einbezogen werden können.

Das Prinzip dieser Methode läßt sich relativ einfach veranschaulichen: Bei einer gegebenen Zahl von beobachteten Merkmalen n läßt sich jeder Raumeinheit eine eindeutige Lage in einem n-dimensionalen Koordinatensystem zuordnen. Als Maß der Ähnlichkeit zwischen diesen Objekten kann die jeweilige Distanz zueinander gewertet werden. Ensprechend dieser Entfernungen lassen sich, bei Verwendung einer Vielzahl unterschiedlicher Verfahren, Gruppen vergleichbarer Struktur zusammenfassen.[2] Dabei sollten einerseits die Distanzen der Elemente einer Gruppe zueinander möglichst klein und die Entfernungen zwischen den Gruppen möglichst groß ausfallen.

In der praktischen Anwendung im vorliegenden Band wurde bei der Distanzgruppierung nach der Methode von WARD vorgegangen[3], ein hierarchisches Verfahren, durch das sich besonders homogene Typen abgrenzen ließen. Die inhaltliche Interpretation der Gruppen erfolgte sowohl bei der Karte 20 wie auch bei der Karte 45 über den Vergleich der jeweiligen Gruppenmittelwerte mit dem Gesamtmittelwert der herangezogenen Merkmale.

Struktursymbol:

Von wenigen Ausnahmen abgesehen wurde für die hier vorliegenden Karten ein Diagramm erstellt, welches in kompakter Form den jeweiligen Inhalt bezogen auf 11 charakteristische Strukturräume des Landes Bayern dokumentiert. Es ist als zusätzliche, generalisierende und daher einfach erfaßbare Informationsquelle in die rechte obere Kartenhälfte montiert und erleichtert einen Vergleich der wesentlichen Kartenaussagen.

Bei der Abgrenzung der Teilräume, die zusammen mit dem Diagrammentwurf auf einem Vorschlag von Prof. Dr. K. Ruppert beruht, wurde eine ganze Reihe von Gesichtspunkten berücksichtigt. Der besonderen Situation bei den kreisfreien Städten, entsprechend der bereits abgehandelten spezifischen Datenlage (siehe Abschnitt "Gebietsbezug"), mußte durch die Bildung einer eigenen Gruppe Rechnung getragen werden. Zudem stellen sie vielfach die Kerne der von seiten der Planung[4] ausgewiesenen Verdichtungsräume mit ihren charakteristischen Struktur- und Prozeßmustern dar. Ebenfalls in Anlehnung an die Gebietskategorien der Planung wurde die Gruppe der Landkreise mit Verdichtungsansätzen ausgewiesen, wobei eine exakte Übereinstimmung mit den Verdichtungsräumen des LEP aufgrund der dortigen Abgrenzung auf Gemeindebasis ausgeschlossen war. In Kenntnis der z.T. sehr unterschiedli-

---

[1] Eine allgemeine Einführung findet sich ebenfalls bei: Schuchard-Ficher, Chr. u.a., a.a.O., S. 105ff
oder als Beispiel der praktischen Anwendung: Schnorr-Bäcker, S., Typisierung von Regionen mit Hilfe der Clusteranalyse, in: Wirtschaft und Statistik, H. 9, S. 697ff.

[2] Zum Begriff der Distanzgruppierung s.a. Bahrenberg, G./Giese, E., a.a.O., S. 259ff.

[3] vgl. Schuchard-Ficher, Chr., u.a., a.a.O., S. 132ff.

[4] vgl. Bayerische Staatsregierung (Hrg.), Landesentwicklungsprogramm Bayern, München 1984, Anhang 8, Strukturkarte

chen Ausprägung und der anhaltenden Diskussion um ein auch innerbayerisches Süd-Nord-Gefälle bei zahlreichen Merkmalen wurden sowohl die kreisfreien Städte, wie auch die Landkreise mit Verdichtungsansätzen zusätzlich nach ihrer Lage in Süd- bzw. Nordbayern aufgeteilt (siehe Liste im Anhang). Die verbleibenden, eher ländlich strukturierten Landkreise, wurden schließlich, im wesentlichen unter funktionalen und wirtschaftlichen Gesichtspunkten, zu 7 Gruppen zusammengefaßt, die sich generalisierend wie folgt benennen lassen:

- Alpenraum
- Südostbayern
- Ostbayern
- Nordostoberfranken
- nördliches Unterfranken
- Westmittelfranken
- Nord- und Mittelschwaben

Ausgehend von den kreisfreien Städten mit den umgebenden verdichteten Landkreisen im Zentrum wird diesen Gebieten im kreisförmigen Struktursymbol ungefähr lagegetreu eine Fläche zugewiesen. Es gibt auf diese Weise rasch einen Einblick in die räumlichen Differenzierungen großer Bereiche innerhalb Bayerns.

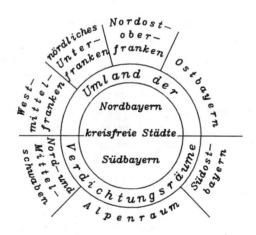

Sowohl der Flächeninhalt, als auch die Schraffur entsprechen dem Inhalt der Karte, dem das Diagramm zugeordnet ist. Die Flächenrelationen spiegeln dabei in der Regel die Verhältnisse bei den Bestandsgrößen wider, die z.B. auch die Größe der Quadratflächen in den Karten bestimmen. Sie sind u.a. bei den Karten, die auf die Bevölkerung Bezug nehmen, proportional zu deren Verteilung in den 11 Gebietstypen. Die kreisförmige Anordnung der Segmente erschwert zwar vielfach den direkten Vergleich einzelner Bereiche, dennoch wird dieser Nachteil sicher durch die sehr instruktive lagegetreue Wiedergabe der Verhältnisse ausgeglichen. Als Beispiele für diesen Informationsgewinn können die sehr ungleichen Verteilungen bei Ausländern oder Merkmalen des Fremdenverkehrs dienen.

Die jeweiligen Flächenschraffuren kennzeichnen dagegen das arithmetische Mittel des auch in der Karte durch Schraffuren dargestellten Merkmals im jeweiligen Gebietsbezug, wobei die gleichen Schwellenwerte herangezogen wurden.

P. Lintner

Karte 1: Typisierung der Freiraumnutzungen 1984

Analysen der Flächennutzung bieten einen unmittelbaren Zugang zum zentralen Gegenstand anthropogeographischer Forschung: der Gestaltung des Raumes durch den Menschen. Anhand der amtlichen Erhebungen läßt sich diese Flächeninanspruchnahme in zwei relevante Bereiche, die Siedlungsnutzungen einerseits und die Freiraumnutzungen andererseits, gliedern. Letztere, die mit einem Anteil von 91,8% (64.745 km^2) an der Gebietsfläche maßgeblich das Erscheinungsbild Bayerns prägen, sind in ihrer Zusammensetzung Gegenstand der Karte 1.

Zu den Freiraumnutzungen werden die Flächen gezählt, die keiner Verwendung in Form fester baulicher Anlagen (Gebäude oder Verkehrswege) unterliegen. Sie setzen sich im wesentlichen aus den Landwirtschaftsflächen (38.207 km^2 bzw. 54,2% der Fläche Bayerns) und den Waldflächen (23.782 km^2 bzw. 33,7%) zusammen. Sonstige Freiraumnutzungen, wie z.B. das Unland, Wasserflächen oder militärische Flächen spielen eine untergeordnete Rolle (2.756 km^2 bzw. 3,9%). Die Anteile dieser drei Kategorien an der Summe der nichtbebauten Flächen und ihre Konstellation im Dreiecksdiagramm bilden die Grundlage der Typisierung.

Die sechs abgegrenzten Gruppen lassen sich hinsichtlich der Werterelationen einmal durch eine stärkere landwirtschaftliche Prägung unterschiedlicher Intensität (Typ 1 und 2) und andererseits eine größere Bedeutung der Waldflächen bei geringeren Landwirtschaftsflächen (Typ 3 und 4) kennzeichnen. Die sonstigen Freiraumnutzungen sind durch den Typ 5 bzw. 6 bei jeweils unterschiedlicher Bedeutung der anderen Nutzungen stärker repräsentiert.

Bei der Erklärung der Strukturmuster in Karte 1 ist den naturräumlichen Gegebenheiten sicher besondere Bedeutung zuzumessen. Beispiele dafür sind die aufgrund der Bodenqualität stark landwirtschaftlich beanspruchten Gebiete im westlichen Niederbayern und die hohen Waldanteile in den, gemessen an Bodengüte, Klima und Reliefenergie benachteiligten Gebirgslagen (z.B. im Bayerischen Wald, Oberpfälzer Wald, Fränkische Alb oder Spessart), die im Alpenraum noch eine Ergänzung in hohen Unlandanteilen finden (Landkreise Garmisch und Berchtesgaden). Daneben müssen aber auch ökonomische Standortfaktoren beachtet werden. Die im Dreiecksdiagramm dokumentierte Tendenz kreisfreier Städte und einiger Landkreise mit Verdichtungserscheinungen zu höheren Anteilen an Landwirtschaftsflächen weisen auf den dort landschaftsprägenden Einfluß marktorientierter Primärproduktion hin. Beispiele dafür sind u.a. die Landkreise nördlich und östlich von München. Diese Marktorientierung spielt auch eine Rolle bei der stark landwirtschaftlich bestimmten Struktur im Allgäu, insbesondere im Landkreis Unterallgäu. Einen weiteren Ansatz zur Erklärung bieten daneben auch historisch gewachsene, traditionelle Strukturen, wie etwa die hohen Waldflächenanteile südlich von München oder die, durch die Truppenübungsplätze Grafenwöhr und Hohenfels verursachten Werte der sonstigen Freiraumnutzungen in den Landkreisen Neustadt und Neumarkt in der Oberpfalz, die sich dadurch stark von der umgebenden Situation abheben.

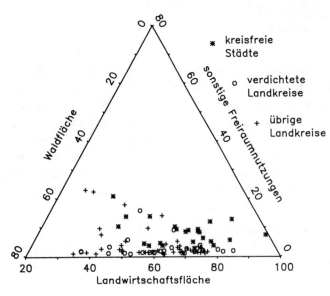

P. Lintner

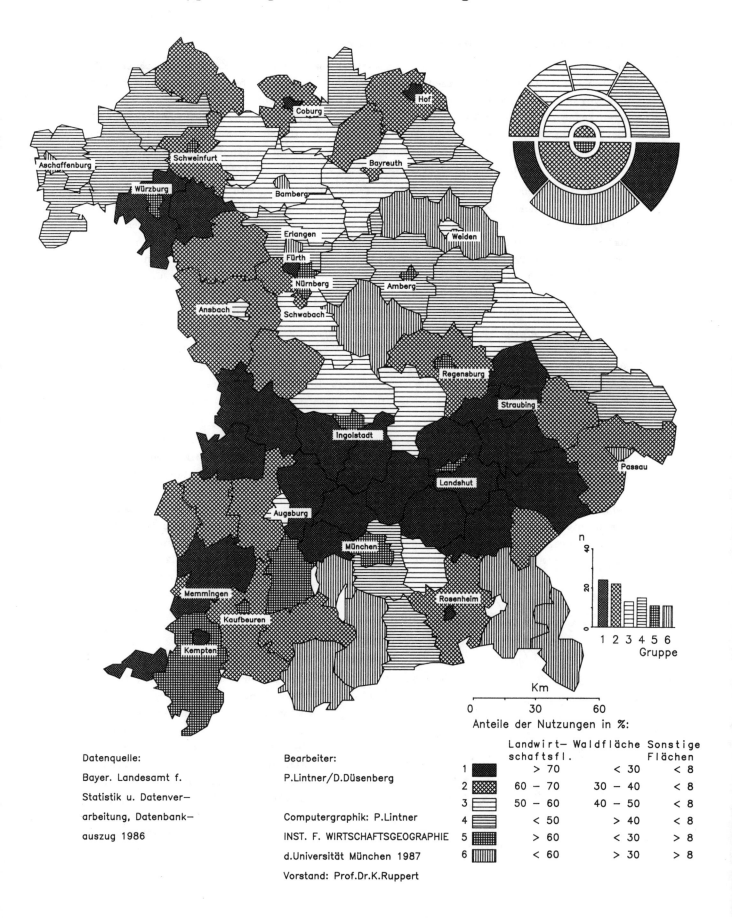

Karte 1
Typisierung der Freiraumnutzungen 1984

Bayern — aktuelle Raumstrukturen im Kartenbild

Karte 2: Typisierung der Siedlungsflächennutzung 1984

In Anlehnung an die Darstellungsform der Karte 1 dokumentiert die Karte 2 das Spektrum der Flächennutzung im Rahmen der Siedlungstätigkeit. Zu diesen Flächen zählen im wesentlichen alle Verwendungen im Sinne baulicher Infrastrukturen (Gebäude, Verkehrswege etc.) und deren zugeordnete Nebenflächen (Hofeinfahrten, Böschungen u.a.). Daneben beinhalten sie aber auch die Betriebsflächen (unbebaute Flächen gewerblicher oder industrieller Nutzung bzw. für Ver- und Entsorgungsfunktionen) und die sehr eng im Sinne eher städtischer Infrastrukturen definierten Erholungsflächen (Sport- und Grünanlagen etc.).

Für die Typisierung wurden die Siedlungsflächennutzungen, die mit 5 808 km^2 8,2% der Fläche Bayerns ausmachen in drei Blöcke aufgeteilt: die Gebäudeflächen (2 612 km^2 bzw. 3,7%), die Verkehrsflächen (2 675 km^2 bzw. 3,8%) und die sonstigen Siedlungsflächen (Erholungs- und Betriebsflächen 521 km^2 bzw. 0,7%). Die Gruppeneinteilung entsprechend der Wertestreuung im Dreiecksdiagramm ergab vier Typen, in denen einerseits mit unterschiedlicher Intensität die Gebäudeflächenanteile (Typ 1 und 2) und andererseits die Verkehrsflächen (Typ 3 und 4) dominieren. Ein fünfter Typ ist etwas stärker durch die sonstigen Siedlungsflächen, bei meist höheren Gebäudeflächenanteilen geprägt.

Mit Ausnahme der mehr ländlich strukturierten randalpinen Landkreise Ostallgäu und Rosenheim, in denen das zur Betriebsfläche zählende Abbauland zur Rohstoffgewinnung (z.B. Torf, Steinbrüche) größere Bedeutung erlangt, gehören viele kreisfreie Städte in Südbayern zum Typ 5. Diese Erscheinung steht in Beziehung zu den Konzentrationstendenzen gewerblicher Produktion und von Ver- und Entsorgungseinrichtungen auf diese Standorte.

Die Verteilung der Typen 1 bis 4 im Kartenbild läßt eine Verknüpfung zwischen den gewählten Merkmalskombinationen und dem Grad baulicher Verdichtung erkennen. Letztlich bildet diese Typisierung ein Kern-Rand-Kontinuum der Siedlungsstruktur indikatorhaft ab. Die Konstellation im Dreiecksdiagramm kann dies verdeutlichen: Die kreisfreien Städte bilden bei hoher Siedlungsverdichtung eine deutlich abgesetzte eigene Gruppe, bei der die Gebäudeflächenanteile mit durchwegs mindestens 50% dominieren. Am anderen Ende des Spektrums stehen die übrigen ländlichen Kreise, deren Siedlungsfläche mehr durch das Verkehrsnetz geprägt wird. Die verdichteten Landkreise nehmen dabei eine Mittelstellung ein. Dieses Muster basiert auf einem geringeren Erschließungsaufwand bei städtischen Bebauungsformen im Gegensatz zur extensiveren Siedlungsweise in ländlichen Räumen, in denen das Ausmaß der Verkehrsflächen durch das Netz der Flurwege noch gesteigert wird.

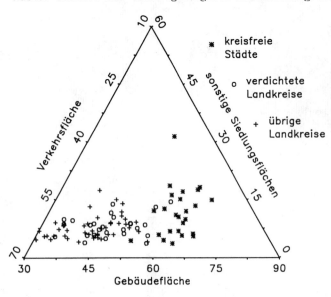

Das beschriebene Kern-Rand-Gefälle kann in Karte 2 in den Verdichtungsräumen nachvollzogen werden (z.B. Umlandkreise von München, Landkreis Augsburg oder der Bereich um Aschaffenburg). Die stark ländlich strukturierten Gebiete des Typs 4, die weite Teile des Landes kennzeichnen, sind besonders in den peripheren Lagen im Westen und Norden und in Teilen der Oberpfalz vertreten.

P. Lintner

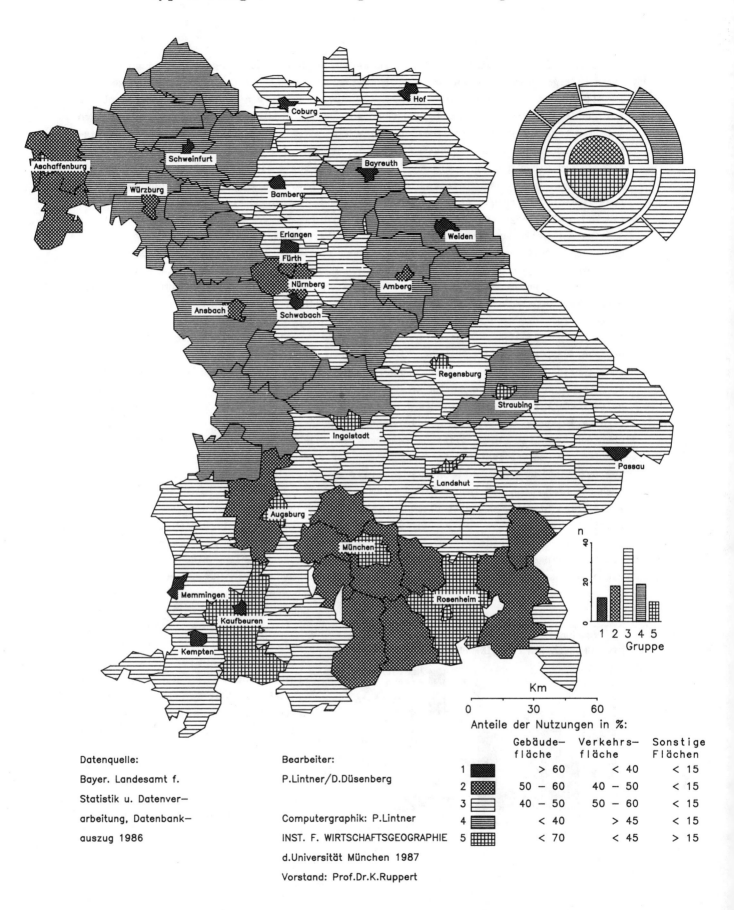

Karte 3: Siedlungsintensität 1984

Das Ausmaß und die Expansion der Siedlungsflächen hat in der jüngeren Vergangenheit zu einer heftigen Diskussion vor dem Hintergrund eines gewachsenen Umweltbewußtseins geführt. Im Mittelpunkt steht dabei der sogenannte "Landverbrauch", ein unlogisches Schlagwort für den anhaltenden Prozeß der Umwidmung von Freiraum- zu Siedlungsnutzungen, der sich in den Anteilen bebauter Flächen abbildet. In der Karte 3 wird versucht einen oft vernachlässigten Teilaspekt dieses Sachverhaltes zu durchleuchten: die Inanspruchnahme von Siedlungsflächen pro Einwohner und somit auch die Frage des regional differenzierten relativ großzügigen bzw. sparsamen Umgangs mit diesen Flächen. Die in der Karte dokumentierte Arealitätsziffer bezieht sich wie bei Karte 2 auf die Gebäude-, Betriebs- und Erholungsflächen und das Wegeland. Bei der Aufteilung in die fünf Gruppen läßt sich ein deutlicher Anstieg der Werte ausgehend von den Kernen der Verdichtungsräume bis hin zu den peripher gelegenen ländlichen Gebieten beobachten. Fast idealtypisch vollzieht sich dieser Wandel zwischen den Verdichtungskernen München und Nürnberg/Fürth/Erlangen. Ausgehend von sehr niedrigen Werten um 200 m^2 pro Einwohner erreicht dabei die Inanspruchnahme in den Zwischenbereichen ein Vielfaches (z.B. Landkreis Eichstätt: 937 m^2). Eine Ausnahme in diesem Muster bilden die Landkreise im Süden und Osten Münchens, insbesondere am Alpenrand, mit ihren stärker urbanen Grundstrukturen. Hier werden Parallelen zur Situation bei den Bodenpreisen (vgl. Karte 27) erkennbar. Die Verbindung zwischen den höheren Anteilen an Wegeland (Karte 2) und einer höheren Inanspruchnahme von Siedlungsflächen pro Einwohner, die sich in den entsprechenden Werten in den östlichen und westlichen Randbereichen widerspiegelt, liefert einen ersten Hinweis auf eine Ursache dieser räumlichen Differenzierung: der bereits in Karte 2 beschriebene höhere Erschließungsaufwand beim Verkehrsnetz in ländlichen Gebieten. Die große Differenz zwischen dem Wegeland pro Einwohner in den kreisfreien Städten und den verdichteten Landkreisen auf der einen Seite und den übrigen Kreisen, die aus der Abbildung ersichtlich wird, belegt diesen Sachverhalt anschaulich. Erreicht die Inanspruchnahme von Wegeland in den ländlichen Räumen noch das sechsfache der Werte in den kreisfreien Städten, so fällt diese Relation bei den Gebäudeflächen mit dem Faktor 2 doch deutlich niedriger aus. Der dennoch verbleibende Unterschied erklärt sich aus den grundsätzlich flächensparenderen städtischen Bebauungsformen mit mehrstöckigen Häusern bei relativ geringer Grundfläche und somit hohen Geschoßflächenzahlen. Eine Ergänzung findet diese Art der Besiedelung durch kompaktere bauliche Nebenanlagen (Gebäudezufahrten, Garagen etc.) und eine effektivere Ausnutzung der Infrastrukturen. Bemerkenswert erscheint, daß trotz ihrer Funktion als zentrale Orte mit entsprechendem Siedlungsflächenbedarf, der auch im weiteren Umland sichtbar wird, die relative Flächenersparnis in den kreisfreien Städten so deutlich in Erscheinung tritt. Auf der anderen Seite darf nicht übersehen werden, daß der extensivere Umgang mit Siedlungsflächen am Verdichtungsrand und in ländlichen Bereichen unter Gesichtspunkten der Wohnqualität (größere Wohnungen, Hausgärten etc.) zu deren positiven Standortaspekten gezählt werden muß.

P. Lintner

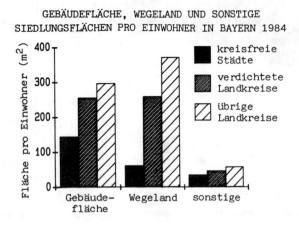

GEBÄUDEFLÄCHE, WEGELAND UND SONSTIGE SIEDLUNGSFLÄCHEN PRO EINWOHNER IN BAYERN 1984

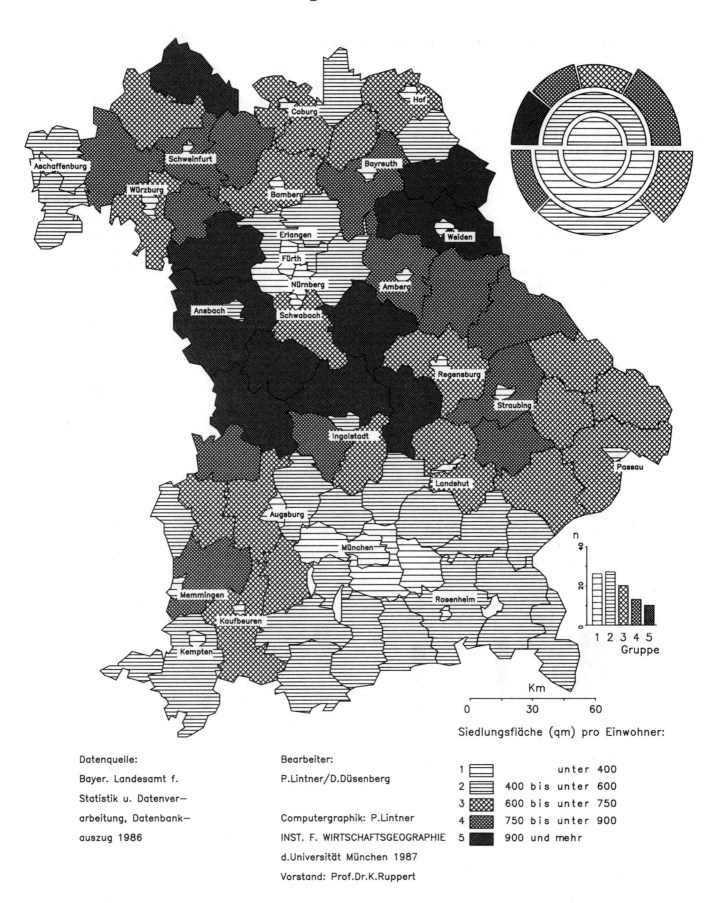

Karte 4: Veränderung der Siedlungsfläche 1980-1984

Die kleinräumliche Ausprägung der vieldiskutierten Siedlungsflächenexpansion läßt sich durch die amtliche Statistik nur für eine begrenzte Zeitspanne im Kartenbild darstellen. Das Strukturmuster der Karte 4 spiegelt somit eher einen kurzfristigen Trend wider und läßt langfristige Tendenzen wie die Konzentration des Wachstums auf die Verdichtungsräume nicht erkennen. Trotz dieser Einschränkungen lassen sich typische Ausprägungen der Siedlungsflächenentwicklung beschreiben. Niedrige Werte sind in den Kernen der großen Verdichtungsräume (München, Augsburg, Erlangen und Nürnberg) und in peripheren Landkreisen, deren Raumstrukturen als problematisch eingestuft werden (z.B. Westmittelfranken oder Nordostoberfranken), zu beobachten. Ein weiterer Aspekt ist die Gruppierung von Landkreisen mit größerer Dynamik im Umland von Verdichtungsräumen, wie etwa um Nürnberg/Fürth/Erlangen oder im Bereich Aschaffenburg. Diese Tendenz, die sich auch um München abzeichnet, findet östlich davon eine Fortsetzung mit hohen Werten im niederbayerischen Raum. Bei diesen hohen Prozentzahlen in einem überwiegend ländlich strukturierten Gebiet spielt allerdings auch das niedrige Ausgangsniveau eine Rolle. Auf der anderen Seite begrenzen geringe Erweiterungsmöglichkeiten bei einem großen Siedlungsflächenanteil in vielen kreisfreien Städten den Expansionstrend und tragen somit zur Erklärung der dort oft geringen relativen Zuwachsraten bei. Die Ursachen für die niedrigen Werte in vielen ländlichen Gebieten sind u.a. in der schwachen Dynamik der meisten siedlungsrelevanten Bereiche begründet. Dazu zählen Stagnation und Rückläufigkeit der Bevölkerung (vgl. Karte 8), geringe Beschäftigtenentwicklung (vgl. Karte 33) oder auch Schwächen bezüglich sozialer Aspekte (vgl. Karte 18 und 20). Die enge Verbindung zu diesen Merkmalen wird durch die Situation im Umland von München und in Teilen Niederbayerns ersichtlich: Beobachtungen zur Bevölkerungs- und Wirtschaftsentwicklung in den letzten Jahren verweisen auf eine weitreichende Aufwertung der Landkreise im Norden und Nordosten der Stadt bis weit nach Niederbayern hinein, ein Faktum, das sich in der Siedlungsentwicklung eindeutig widerspiegelt.

Als ergänzende Information dokumentiert die Abbildung die Anteile einzelner Nutzungsarten an den Gewinnen und Verlusten bei der Umstrukturierung im Beobachtungszeitraum, differenziert nach Teilräumen. Mit Ausnahme geringer Waldflächenanteile in kreisfreien Städten und verdichteten Kreisen erfolgt demnach die Siedlungsflächenexpansion auf Kosten der Landwirtschaftsflächen. Die größten Anteile an den Gewinnen verbuchen in allen Bereichen bei annähernd gleicher Größenordnung die Gebäudeflächen.

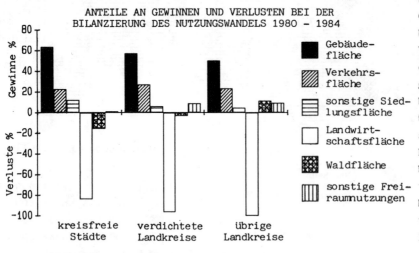

Verkehrsflächen erreichen grundsätzlich nur geringere Quoten, wobei die Werte in den übrigen ländlich strukturierten Landkreisen, im Sinne der beschriebenen Strukturkomponente des hohen Verkehrsflächenanteils, höher ausfallen. P. Lintner

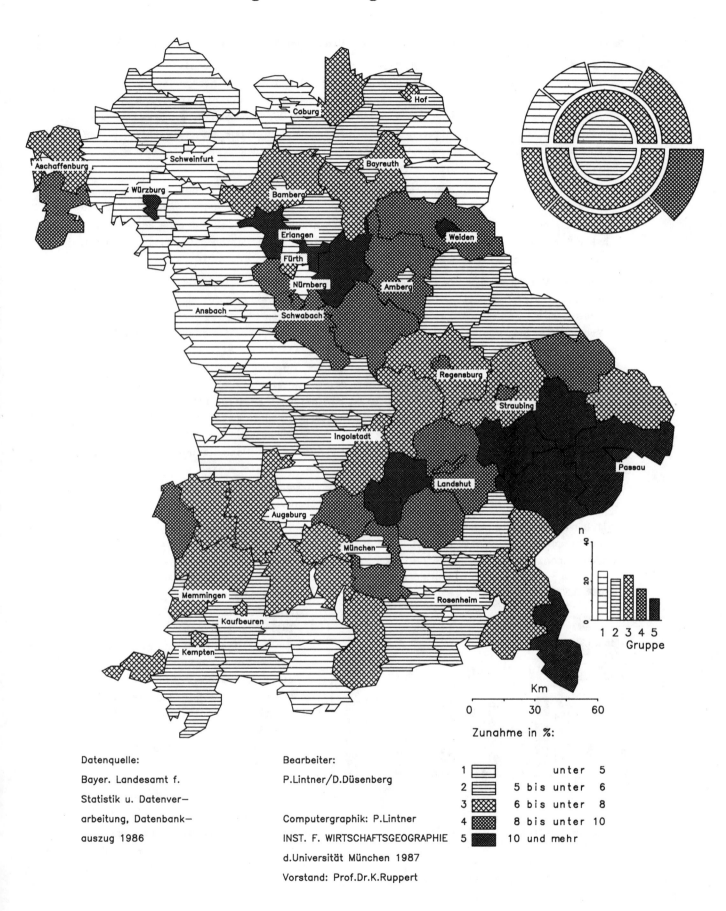

Karte 5: Veränderung der Siedlungsfläche pro Einwohner 1980 - 1984

Mit der Karte 5 wird versucht, räumliche Intensivierungs- bzw. Extensivierungstendenzen bei der Flächeninanspruchnahme aufzudecken. Ausgehend von der gesamtbayerischen Entwicklung mit einem Wachstum von 5,8% ist festzuhalten, daß der langfristige Trend zu einer Vergrößerung der Siedlungsfläche pro Einwohner auch in der jüngeren Vergangenheit weiter angehalten hat. Aus dem vielfältigen Ursachenspektrum sei hier nur auf die weiter steigenden Ansprüche an die Wohnflächen und die Verkehrsflächen oder auf den steigenden Flächenbedarf bei ebenerdiger gewerblicher Produktion verwiesen.

Bei der Interpretation der Strukturen in Karte 5 ist zu beachten, daß die Ausprägung dieses Merkmals von zwei Komponenten abhängig ist: von der Siedlungsflächenentwicklung und der Bevölkerungsveränderung. Diese zweiseitige Abhängigkeit verweist auf eine Reihe interessanter Kombinationen, die sich in charakteristischen Raumsituationen lokalisieren lassen und anhand der Beispiele in der Abbildung am Seitenende erläutert werden können.

Von wenigen Ausnahmen abgesehen erhöht sich der Umfang der Siedlungsfläche pro Einwohner in den kreisfreien Städten und den Kernen der Verdichtungsräume beträchtlich. Dort ist dies das Resultat eines stärkeren Bevölkerungsrückganges (Beispiel Nürnberg), eine Form der Extensivierung, die nicht über die hohen Flächenansprüche hinwegtäuschen darf, die durch die Bewohner des Umlands entstehen. In diesen Randzonen stellt sich die Entwicklung vielfach zweigeteilt dar, was sich besonders gut um die Landeshauptstadt aufzeigen läßt. Den Regelfall bilden hohe Wachstumsraten auf der Basis mittlerer Bevölkerungsgewinne und stark überdurchschnittlicher Siedlungsentwicklung (Beispiel Erding). Die höhere Flächeninanspruchnahme pro Einwohner beruht auf der Erweiterung von Industrie- und Tertiärflächen im Rahmen der Suburbanisierung oder auf großzügiger Wohnbebauung. In den Umlandbereichen, in denen infolge kompakter städtischer Siedlungsweise die Wohnnutzung im Vordergrund steht, nimmt der Siedlungsflächenbedarf pro Einwohner vergleichsweise wenig zu (Beispiel Landkreis München). Bei einer Betrachtung auf Gemeindebasis ergibt sich vereinzelt sogar eine Verdichtung der Bevölkerung auf der bebauten Fläche.

Ähnlich polarisiert sind die strukturschwachen Gebiete, die bei grundsätzlich geringem Siedlungswachstum einerseits aufgrund der Stagnation der Bevölkerung eine geringe Veränderung der Arealitätsziffer erkennen lassen (Beispiel Haßberge), andererseits durch einen relativ großen Bevölkerungsverlust auf hohe Zuwachsraten kommen (Beispiel Landkreis Hof). Gerade die letztgenannte Situation führt in den vieldiskutierten Fragenkreis der Infrastrukturauslastung in strukturschwachen Gebieten mit starkem Einwohnerrückgang. Als letztes Beispiel kann auf die Sondersituation im Raum Niederbayern verwiesen werden, wo aufgrund der wirtschaftlichen Prosperität Siedlungsflächen und deren Inanspruchnahme pro Einwohner in der jüngsten Vergangenheit stark angestiegen sind (Beispiel Dingolfing-Landau).

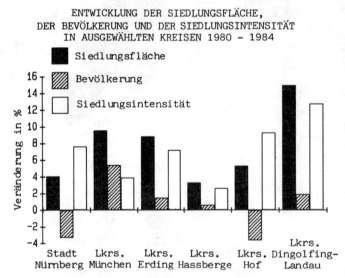

ENTWICKLUNG DER SIEDLUNGSFLÄCHE, DER BEVÖLKERUNG UND DER SIEDLUNGSINTENSITÄT IN AUSGEWÄHLTEN KREISEN 1980 - 1984

P. Lintner

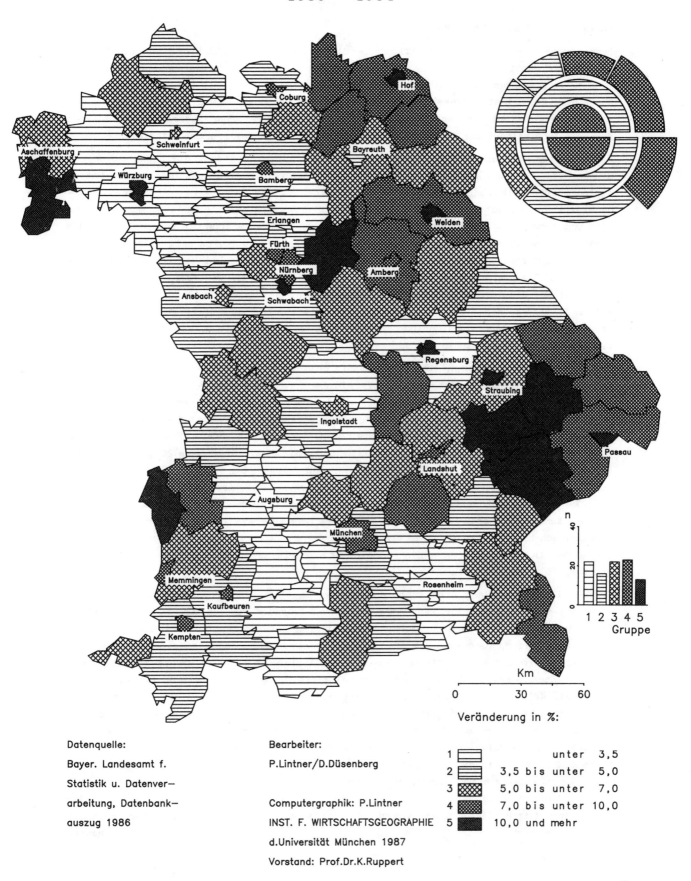

Karte 5
Veränderung der Siedlungsfläche pro Einwohner
1980 – 1984

Veränderung in %:
1 unter 3,5
2 3,5 bis unter 5,0
3 5,0 bis unter 7,0
4 7,0 bis unter 10,0
5 10,0 und mehr

Datenquelle:
Bayer. Landesamt f. Statistik u. Datenverarbeitung, Datenbankauszug 1986

Bearbeiter:
P. Lintner/D. Düsenberg

Computergraphik: P. Lintner
INST. F. WIRTSCHAFTSGEOGRAPHIE
d. Universität München 1987
Vorstand: Prof. Dr. K. Ruppert

Bayern – aktuelle Raumstrukturen im Kartenbild

Karte 6: Einwohnerdichte 1985

Bayern wies 1985 eine durchschnittliche Bevölkerungsdichte von 156 Einwohnern pro km^2 auf und gehörte damit zu den relativ dünn besiedelten Ländern der Bundesrepublik Deutschland (245 E./km^2), zusammen mit Niedersachsen (152 E./km^2) und Schleswig-Holstein (166 E./km^2). Karte 6 zeigt, daß sich dieser Durchschnittswert nicht nur aus stark unterschiedlichen Werten für großstädtische Agglomerationsräume und ländliche Räume zusammensetzt, sondern daß auch innerhalb dieser Raumkategorien beachtliche Differenzierungen auftreten.

Die höchsten Dichten werden in den kreisfreien Städten erreicht, die ausnahmslos den Gruppen mit 350 und mehr E./km^2 zuzuordnen sind. Allerdings sind auch hier starke Unterschiede der Bevölkerungskonzentration festzustellen, die durch Werte zwischen 374 (Ansbach) und 4081 (München) gekennzeichnet sind. Die Ursache ist einerseits im Ausmaß der Siedlungsentwicklung begründet. So erreichen - neben München - auch die anderen Großstädte durchwegs hohe Dichtewerte (z.B. Nürnberg 2504, Augsburg 1666). Es zeigt sich hier aber auch eine unterschiedliche Eingemeindungspolitik, insbesondere bei der Gebietsreform der 70er Jahre. Die überaus hohe Bevölkerungsdichte Münchens (vgl. West-Berlin 3874, Hamburg 2093) ist nur dadurch zu erklären, daß die Stadt damals flächenmäßig nicht vergrößert wurde. Im Gegensatz hierzu stehen Stadtkreise, die zur Stärkung ihrer Funktionen 1972-78 große Flächen hinzugewannen und nun relativ niedrige Dichtewerte aufweisen (neben Ansbach z.B. Memmingen 533, Straubing 615).

Den Werten dieser kleineren, aber flächenmäßig großen kreisfreien Städte kommen inzwischen mehrere Landkreise im großstädtischen Verdichtungsraum nahe. An der Spitze stehen hier Fürstenfeldbruck (405) und München (399), die durch Randwanderungseffekte bzw. die Aufnahme eines Großteils des neueren Bevölkerungs- und Wirtschaftswachstums des Agglomerationsraums München derart hohe Dichtewerte erreichten. Aber auch in anderen Stadtumland-Kreisen der 3 "großen Verdichtungsräume" Bayerns, München (z.B. Kr. Starnberg 229, Dachau 180), Nürnberg/Fürth/Erlangen (z.B. Kr. Fürth 305, Nürnberger Land 186) und Augsburg (Kr. Augsburg 174), und einiger kleinerer Verdichtungsräume (z.B. Kr. Aschaffenburg 215, Neu-Ulm 276) werden Dichtewerte erreicht, die beträchtlich über dem Landesdurchschnitt liegen. Bei den übrigen Verdichtungsräumen wird der flächenhafte Agglomerationsprozeß weniger sichtbar, da hier die Kreise neben dem eigentlichen Stadtumland auch weniger bevölkerungsstarke Gemeinden des angrenzenden ländlich strukturierten Raumes umfassen (z.B. Kr. Regensburg 103, Bamberg 102).

Im sog. ländlichen Raum sind schon definitionsgemäß nur Bevölkerungsdichten unter oder höchstens nahe dem Landesdurchschnitt zu erwarten. Trotzdem gibt es auch hier noch beachtliche Unterschiede, je nach dem Vorhandensein von Mittelstädten, Industrie- oder Fremdenverkehrsstandorten, aber auch dem Anteil nicht besiedelter größerer Waldflächen u.ä. So erreichen einige Landkreise mit höherem Industrialisierungsgrad oder größeren kreisangehörigen Städten Werte um den Landesdurchschnitt oder sogar darüber (z.B. Altötting 163, Wunsiedel 146). Die hier am häufigsten vertretene Gruppe ist jedoch die der Kreise mit Dichtewerten zwischen 80 und 110. Hierzu gehören insbesondere noch stärker landwirtschaftlich strukturierte Kreise mit örtlichen Industrieschwerpunkten (z.B. Neuburg-Schrobenhausen 102, Schwandorf 88, Dingolfing-Landau 85) oder mit größerer Bedeutung des Fremdenverkehrs (z.B. Oberallgäu 86, Garmisch-Partenkirchen 82). Besonders dünn besiedelt (unter 80 E./km^2) sind relativ stark landwirtschaftlich strukturierte Kreise mit überwiegend dörflicher Siedlungsstruktur. Sie konzentrieren sich, neben Westmittelfranken, vor allem in der Oberpfalz und im östlichen Niederbayern. Die geringste Einwohnerdichte wird hier vom Kreis Neustadt/Waldnaab erreicht (63 E./km^2).

R. Paesler

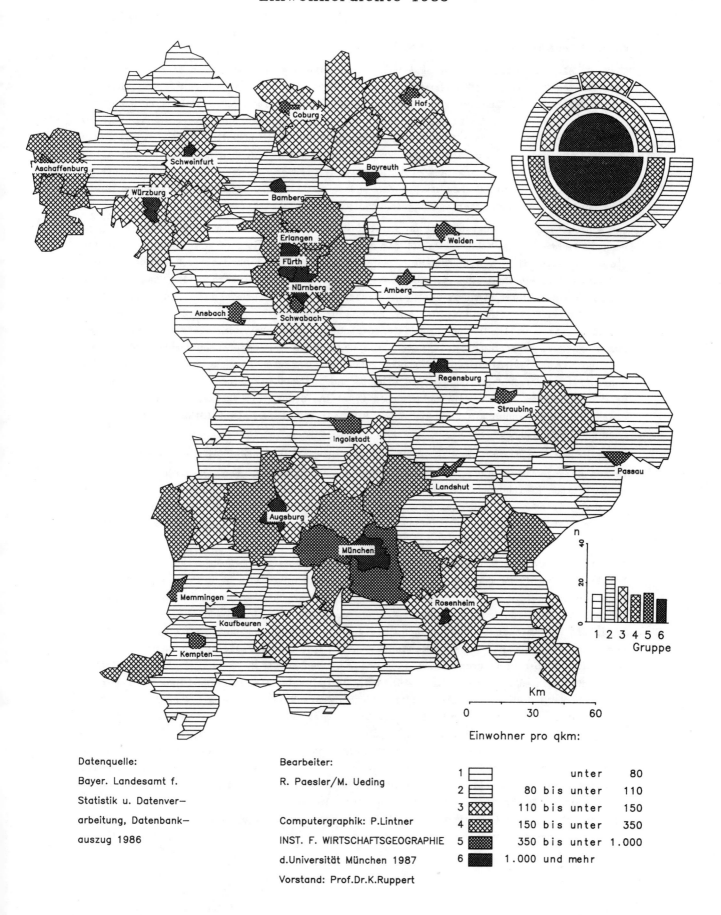

Karte 7: Bevölkerungsveränderung 1840-1985

Karte 7 zeigt die langfristigen Tendenzen der Bevölkerungsveränderung in Bayern anhand der prozentualen Zunahme der Einwohnerzahl von 1840 bis 1985. Für ganz Bayern ergab sich für diesen Zeitraum eine Zunahme von ca. 190%. In den dargestellten Gebietseinheiten - auf die auch die Zahlen von 1840 umgerechnet wurden - schwankt dieser Wert zwischen der relativ unbedeutenden Zunahme von 14% (Kr. Neustadt a.d. Aisch-Bad Windsheim) und der exorbitanten Vergrößerung der Einwohnerzahl im Landkreis München von 2052%. Die Karte zeigt vor allem zwei wichtige Grundzüge der langfristigen Bevölkerungsveränderung in Bayern: eine starke Konzentration im Raum München und in den anderen städtischen Agglomerationsräumen sowie eine Nord-Süd-Schwerpunktverlagerung innerhalb Bayerns.

Der Konzentrationsprozeß ist deutlich im weit überdurchschnittlichen Wachstum der Bevölkerungsverdichtungen sichtbar. Im Fall der drei großen Verdichtungsräume zeigen nicht nur die Kernstädte diese starke Zunahme, sondern auch die Umlandkreise (z.B. Stadt München +898%, Landkr. München +2052%, Fürstenfeldbruck +1065%, Starnberg +912%; Stadt Nürnberg +651%, Erlangen +543%, Landkr. Fürth +392%; Stadt Augsburg +427%, Landkr. Augsburg +278%). Die kleineren Verdichtungskerne (z.B. Regensburg +305%, Würzburg +291%) und die Mittel- und Oberzentren im ländlichen Raum (z.B. Straubing +270%, Bayreuth +266%) weisen dagegen durchwegs Zuwachsraten auf, die wesentlich über denen der umgebenden Landkreise liegen. Hier hat also der Verdichtungsprozeß noch keine flächenhaften Ausmaße angenommen, aber die Konzentration der Bevölkerung in den städtischen Zentren wird umso deutlicher. Besonders hohe Zuwachsraten weisen ursprünglich relativ kleine Städte mit starker Industrialisierung oder Bedeutungszuwachs als Verkehrsknoten auf, wie z.B. Rosenheim (+1015%), Weiden (+920%) oder Kaufbeuren (+725%).

Die Landkreise außerhalb der verdichteten Regionen, insbesondere in Nord- und Ostbayern, zeigen demgegenüber deutlich unterdurchschnittliche Zuwächse. Wenn es auch auf der hier dargestellten Kreisebene noch kein Gebiet mit Bevölkerungsrückgang gegenüber 1840 gibt - auf der Gemeindeebene ist dies sehr wohl vielfach anzutreffen - so zeigt die Karte doch sehr deutlich anhand der Gewichtsverlagerung der Bevölkerung den Bedeutungs- und Funktionsverlust der ländlichen Räume.

Die innerbayerische Verschiebung des Bevölkerungsschwerpunkts nach Süden wird durch die beigefügte Graphik verdeutlicht, die für alle Gebietseinheiten - nach ihrer Lage von Süden nach Norden geordnet - den Anteil an der bayerischen Bevölkerung 1840 und 1985 zeigt. Während die nord- und ostbayerischen Kreise, abgesehen von Ausnahmen etwa im Raum Nürnberg, ein abnehmendes Gewicht zeigen, steigen die Anteile der südbayerischen Kreise fast durchwegs an. Die Karte weist dementsprechend, nicht nur für die Region München, meist beträchtlich über dem Durchschnitt liegende Zunahmen auf (z.B. Kr. Garmisch-Partenkirchen +452%, Miesbach +338%, Rosenheim +264%). Als Hauptursache dieser Schwerpunktverlagerung ist sicherlich die überragende Stellung Münchens als Wirtschafts- und Verwaltungszentrum Bayerns anzusehen, wobei der Einfluß der Stadt inzwischen beträchtlich über die Region hinausreicht. Aber auch die starke wirtschaftliche Stellung des übrigen oberbayerisch-schwäbischen Raumes spielt hier eine Rolle. Während im 19. Jahrhundert Franken der industriell/gewerbliche Schwerpunkt Bayerns war, hat sich eine deutliche Umwertung ergeben. Selbstverständlich spielt daneben auch die Bedeutung der randalpinen Kreise im Fremdenverkehr als Wachstumsfaktor eine Rolle. Auch die Wohnsitzverlegung älterer Menschen in ein landschaftlich attraktives Gebiet ("Altersruhesitzwanderung") muß hier erwähnt werden, auch wenn sie zahlenmäßig nicht so groß ist wie häufig angenommen (vgl.Karte 10,12).

R. Paesler

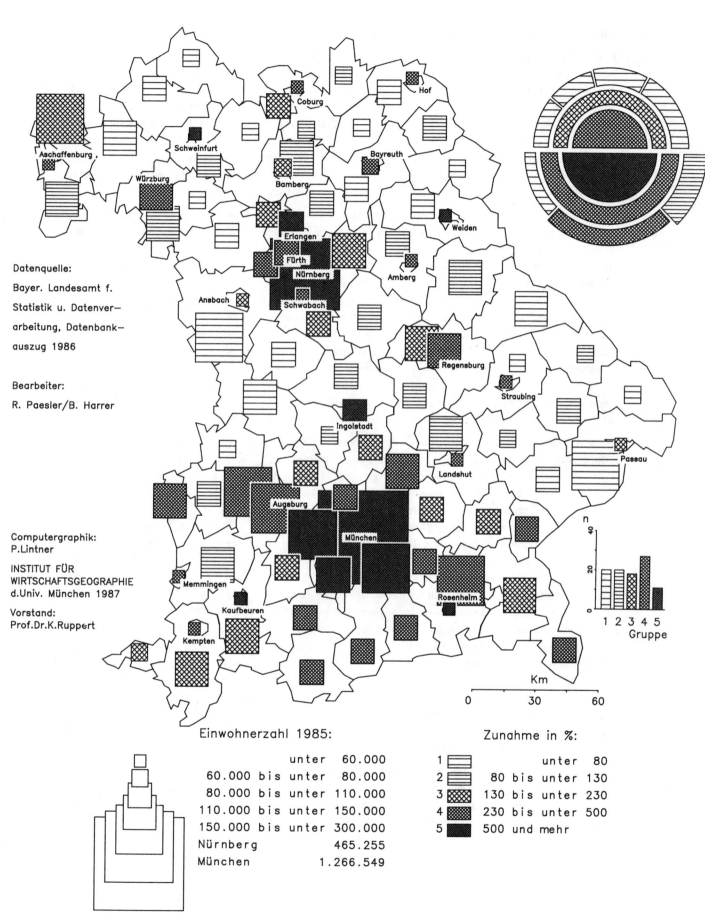

Karte 8: Bevölkerungsveränderung 1965-1985

Karte 8 zeigt anhand der Veränderung der Einwohnerzahlen 1965 - 1985 die räumlich differenzierten Tendenzen der Bevölkerungsentwicklung in Bayern in jüngster Vergangenheit. Insgesamt erhöhte sich die Einwohnerzahl des Landes in diesem Zeitraum von 10,101 auf 10,974 Mill., d.h. um 8,6%. Wie eine strukturräumliche Typisierung zeigt, setzt sich jedoch dieser Gesamtwert aus stark unterschiedlichen regionalen Einzelentwicklungen zusammen. So steht einer Zunahme der südbayerischen Verdichtungsräume um 36% gleichzeitig ein Bevölkerungsrückgang in Nordostoberfranken von 9% gegenüber. Die in der Karte dargestellten Werte auf Kreisbasis zeigen diese Unterschiede noch ausgeprägter; sie erstrecken sich von +79% (Kr. München und Fürstenfeldbruck) bis -16% (Kr. Wunsiedel).

Karte 8 beweist, daß die in Karte 7 dargestellten bevölkerungsgeographischen Entwicklungstendenzen sich bis in die Gegenwart fortsetzen. Bezüglich des Konzentrationsprozesses der Bevölkerung in den Verdichtungsräumen sind allerdings Veränderungen festzustellen. Er hat sich, mit Ausnahme der Region München, merklich abgeschwächt und in seiner räumlichen Ausprägung geändert. Aufgrund der Stadt-Rand-Wanderung (vgl. Karte 10) ist in allen Verdichtungsräumen ein starker Suburbanisierungsprozeß im Gange. Die Kernstadt wächst nur noch langsam (München 4%) oder nimmt sogar ab (z.B. Nürnberg -7%, Würzburg und Augsburg je -3%, Regensburg -2%), während sich das Bevölkerungswachstum auf das Umland konzentriert. Hier ergeben sich hohe Zuwachsraten: in Südbayern, neben dem schon erwähnten München und Fürstenfeldbruck, in Kreisen wie Ebersberg (52%), Freising (39%) und Starnberg (36%), Aichach-Friedberg (31%) und Augsburg (25%) oder - im mittelfränkischen Verdichtungsraum - in den Kreisen Erlangen-Höchstadt (43%) und Fürth (32%), aber auch in den Umlandkreisen kleinerer Verdichtungsräume, z.B. Kr. Regensburg (28%), Würzburg (20%), Bamberg (16%).

Auch die in Karte 7 angesprochene Tendenz der Bevölkerungsschwerpunkt-Verlagerung nach Süden läßt sich für die jüngste Vergangenheit nachweisen. Für Südbayern sind, abgesehen von einigen Städten mit Suburbanisierungseffekten, durchwegs für alle Gebietseinheiten Bevölkerungszuwächse zu verzeichnen, auch für die Kreise des "ländlichen" Raumes, die nicht im unmittelbaren Einflußbereich Münchens liegen (z.B. Kr. Mühldorf 16%, Weilheim-Schongau 16%, Oberallgäu 15%, Miesbach 14%, Traunstein 12%, Ostallgäu 9%, Garmisch-Partenkirchen 8%; Alpenraum insgesamt 15%). Dagegen zeigen sich in Nordbayern flächenhaft Bevölkerungsrückgänge. Betroffen sind insbesondere der industrielle Problemraum im nordostoberfränkischen Zonenrandgebiet (neben dem schon erwähnten Kr. Wunsiedel z.B. Kr. Hof -12%, Kronach -9%) und der angrenzende oberpfälzische Raum (z.B. Kr. Tirschenreuth -7%) sowie der übrige nordbayerische Raum an der Grenze zur DDR (z.B. Kr. Kulmbach -6%, Haßberge -3%). Abnahmegebiete gibt es ferner im stärker ländlich strukturierten Teil Mittelfrankens (Kr. Weißenburg-Gunzenhausen -4%, Neustadt/Aisch-Bad Windsheim -3%), während bezüglich Niederbayerns eine Konsolidierung eingetreten ist. Dieser Regierungsbezirk, der früher seine ständigen Abwanderungsverluste nur durch hohe Geburtenüberschüsse ausgleichen konnte, gehört inzwischen aufgrund von Industrieansiedlungen, des Ausbaues der Fremdenverkehrswirtschaft im Bayerischen Wald und einer relativ günstigen Agrarstruktur im Bereich südlich der Donau zu den Räumen mit leichterem Bevölkerungszuwachs (z.B. Kr. Deggendorf 8%, Straubing-Bogen 4%, Freyung-Grafenau 4%, Stadt- und Landkreis Passau je 9%).

Insgesamt kann festgehalten werden, daß unter den Bestimmungsfaktoren der Bevölkerungsentwicklung die regionale Lage innerhalb Bayerns ein größeres Gewicht einnimmt als die Zugehörigkeit zu einer strukturellen oder landesplanerischen Gebiets- oder Ortskategorie, wie "ländlicher Raum", "Verdichtungsraum", "zentraler Ort" usw.

R. Paesler

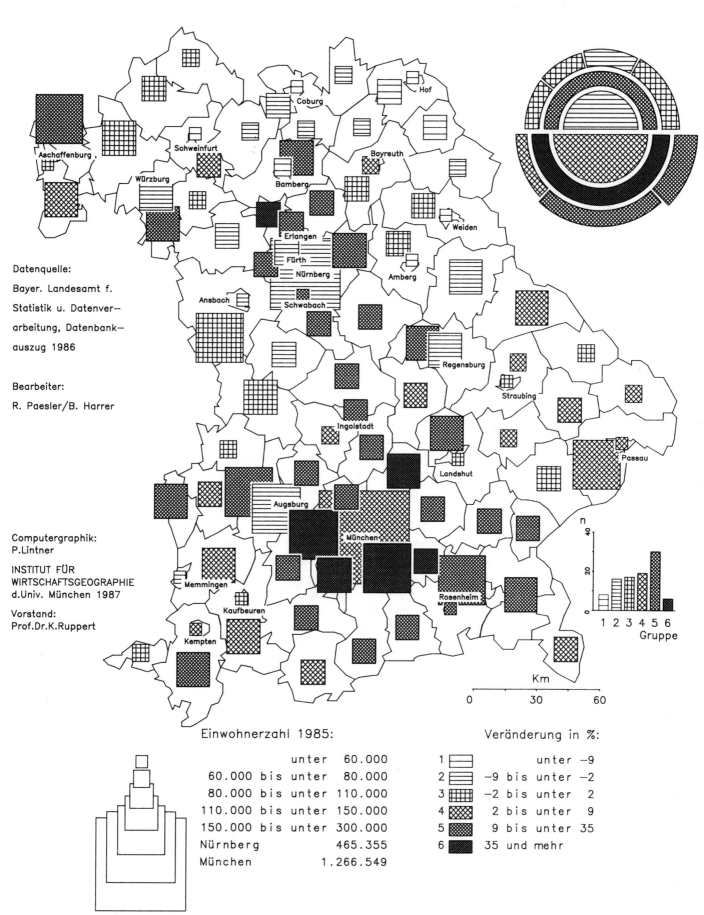

Karte 9: Natürliche Bevölkerungsbewegung 1984/1985

Als eine der beiden Komponenten der gesamten Bevölkerungsveränderung (vgl. Karte 11) ist hier der Saldo von Geburten- und Sterbefällen pro 1 000 Einwohner dargestellt. Um evtl. kurzfristig wirkende Sondereinflüsse auszuschalten, wurde die natürliche Bevölkerungsbewegung zweier Jahre im Durchschnitt gewählt. Die Karte zeigt die räumliche Differenzierung der generativen Verhaltensweisen der Bevölkerung, wie sie sich nach dem Umbruch zu Beginn der 70er Jahre heute darbietet. Während über lange Zeiträume hinweg ein eindeutiger Stadt-Land-Gegensatz bestand - geringe Geburtenüberschüsse, vielfach -defizite in den Städten gegenüber hohen Überschüssen auf dem Land - setzte im Laufe der 60er Jahre eine rasche Angleichung der Verhaltensweisen der ländlichen an die der städtischen Bevölkerung ein. Das Ergebnis sind landesweit stark gesunkene Geburtenzahlen und ein weitgehendes Verschwinden signifikanter Stadt-Land-Unterschiede. Heute wird die Differenzierung der Geburtenrate (Geborene pro 1 000 Einw./Jahr), ebenso wie bisher schon die der Sterberate, mehr durch unterschiedliche Altersstrukturen als durch raumkategoriale Unterschiede verursacht.

1973 erlebte Bayern erstmals einen Sterbefallüberschuß, der sich bis heute jährlich wiederholte. 1985 ergab der Saldo aus 111 365 Lebendgeborenen und 121 941 Gestorbenen ein Geburtendefizit von 10 576 (1984: -10 874), d.h. von 0,96 pro 1 000 Einw. Die in Karte 9 dargestellten Kreisdaten variieren z.T. beträchtlich gegenüber diesem Landeswert von -0,96. Eine grobe Typisierung der bayerischen Kreise bezüglich der natürlichen Bevölkerungsentwicklung ergibt 4 Grundtypen:

1. Die Kernstädte der Verdichtungsräume mit ganz überwiegend negativen Salden (z.B. Nürnberg -5,1, Augsburg -4,4, München -2,4). Die hier vorherrschende starke Tendenz zur Abwanderung junger Familien in das Umland und zur Zuwanderung Alleinstehender prägt das Bild und führt zu niedrigen Geburtenraten (z.B. Nürnberg 8,2, München 7,8) und relativ hohen Sterberaten (z.B. Nürnberg 13,2, Augsburg 12,7). Ohne die hohen Anteile vergleichsweise junger Ausländer und deren noch immer höhere Kinderzahlen pro Familie wären die Salden in diesen Städten noch wesentlich ungünstiger.

2. Die Umlandkreise der Verdichtungsräume mit überdurchschnittlich positiven Salden (z.B. Kr. Erlangen-Höchstadt +3,5, Freising +3,1, Augsburg und Fürstenfeldbruck je +1,6). Hier führt die starke Zuwanderung junger Familien im Zuge des Suburbanisierungsprozesses zu einer günstigen Altersstruktur und infolgedessen zu relativ hohen Geburtenraten (z.B. Kr. Regensburg 11,8, Freising 11,6, Augsburg 11,2) bei niedrigen Sterberaten (z.B. Kr. Fürstenfeldbruck 8,1, München 7,9) und dadurch zum positiven Saldo.

3. Landwirtschaftlich, aber auch industriell/gewerblich strukturierte Räume mit ungünstiger Altersstruktur, die teils durch Abwanderung jüngerer Jahrgänge entstanden ist (z.B. Nordostoberfranken, nördl. Oberpfalz), teils durch Zuwanderung mittlerer und älterer Altersgruppen (z.B. Alpenvorland). Hier führen mittlere bis niedrige Geburtenraten (z.B. Kr. Hof 8,4, Kulmbach 8,8, Garmisch-Partenkirchen 8,9), verbunden mit hohen Sterberaten (z.B. Kr. Wunsiedel 15,3, Hof 13,9, Berchtesgadener Land 13,1) zu stark negativen Salden (z.B. Kr. Wunsiedel -7,6, Kronach -4,5, Garmisch-Partenkirchen -3,5).

4. Ähnlich wie Typ 3. strukturierte Räume, aber mit günstigerer Altersstruktur und/oder noch traditionelleren generativen Verhaltensweisen, z.T. auch randlich im Zuwanderungsgebiet von Mittel- und Großstädten gelegen. Je nach dem Vorherrschen dieser verschiedenen Bedingungen ergeben sich teils fast ausgeglichene Salden (z.B. Kr. Ansbach -0,3, Oberallgäu +0,1), in einigen Fällen aber auch stärker positive Werte (z.B. Kr. Eichstätt +4,4, Bamberg +3,6, Freyung-Grafenau +1,6, Miltenberg +1,4).

R. Paesler

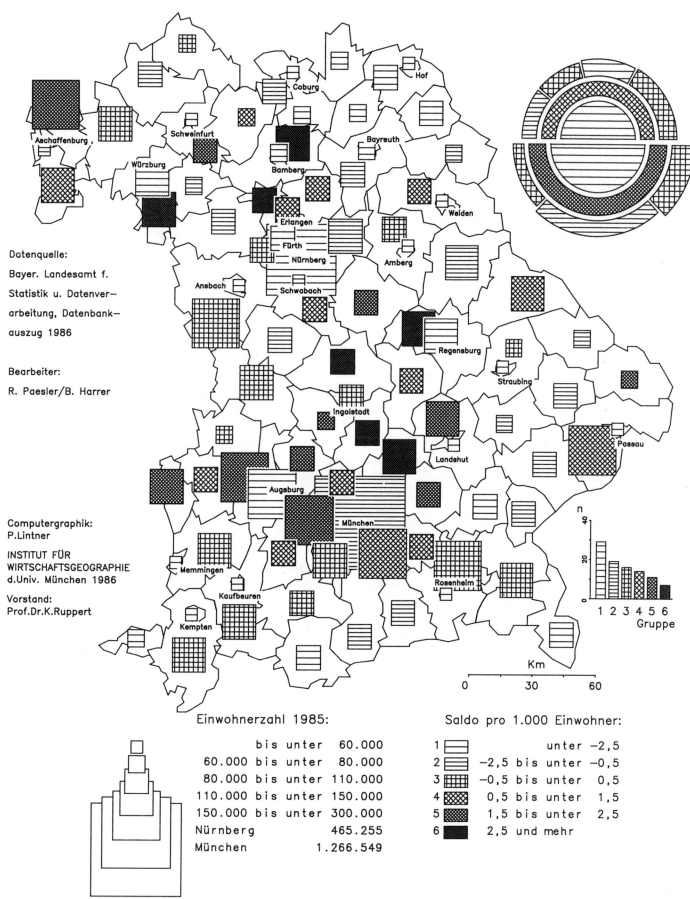

Karte 10: Räumliche Bevölkerungsbewegung 1984/1985

Während Karte 9 die natürliche Bevölkerungsbewegung darstellt, zeigt Karte 10 die räumliche Bewegung als zweite Komponente der gesamten Bevölkerungsveränderung. Dargestellt ist der Saldo der Wanderungen (gemeindegrenzüberschreitende Umzüge) im Durchschnitt der Jahre 1984 und 1985. Rein zahlenmäßig sind die Zu- und Abwanderungen in den meisten Gebietseinheiten die entscheidende Komponente der Bevölkerungsentwicklung, da sie die Zahl der Geburten und Sterbefälle weit übertreffen. So standen 1985 in ganz Bayern 1 117 080 Wanderungsfälle (Summe der Zu- und Fortgezogenen auf Gemeindebasis) einem Volumen der natürlichen Bevölkerungsveränderung (Summe der Lebendgeborenen und Gestorbenen) von nur 233 306 gegenüber.

Für ganz Bayern ergab sich aus obigen Zahlen ein positiver Wanderungssaldo von 26 752 bzw. von 2,4 pro 1000 Einwohner. Auf Kreisebene errechnete sich im dargestellten Zeitraum eine beachtliche Spannweite unterschiedlichen Wanderungsverhaltens. So zeigt die Karte Räume hoher Attraktivität, wie z.B. die Landkreise München (+16,2), Starnberg (+12,1) oder Landsberg/Lech (+11,7) und andererseits Kreise starker Abwanderung, wie die Städte Regensburg (-25,0), Erlangen (-10,8) und Hof (-5,0).

Mit diesen Beispielen sind bereits zwei wichtige wanderungsspezifische Gebietstypen angesprochen. So zeigen - mit wenigen Ausnahmen - die Groß- und Mittelstädte Wanderungsverluste (neben den genannten Städten z.B. Nürnberg -4,6, Würzburg -4,1). Sie sind, abgesehen vom strukturbedingten oberfränkischen Abwanderungsgebiet, überwiegend durch Umzüge aus den Kernstädten der Verdichtungsräume in die Umlandkreise zu erklären, denn diese zeigen fast ausnahmslos relativ hohe Wanderungsgewinne. Neben den schon genannten Landkreisen um München sind Erlangen-Höchstadt (+6,3), Nürnberger Land (+5,1), Regensburg (+4,7) oder Fürth (+4,6) weitere Beispiele. Einen Zuwachs durch Wanderungen verzeichnen demgegenüber vor allem solche Städte, die wirtschaftlich-funktionale Wachstumstendenzen besitzen und durch großzügige Eingemeindungen noch ausreichende Baugebiete innerhalb ihrer Grenzen aufweisen. Hier findet teilweise die durchaus auch zu verzeichnende Suburbanisierung noch auf städtischem Gebiet selbst statt (z.B. Rosenheim +9,2, Landshut +8,4, Ingolstadt +7,5).

Gegenüber den städtischen Verdichtungsräumen mit ihrer deutlich zweigeteilten Entwicklung lassen sich die "ländlichen Räume" weniger einfach typisieren. Hier spielen regionale, zum Teil sogar lokale wirtschaftliche Strukturen und Entwicklungen, funktionale Stärken und Schwächen u.ä. eine Rolle bei der Ausprägung differenzierter Wanderungsbewegungen. Trotzdem fallen einige prägnante Grundstrukturen auf, z.B. die stark positiven Salden im wirtschaftlich prosperierenden und als Wohnsitz begehrten Alpenraum (insgesamt +6,1; Einzelbeispiele: Kr. Rosenheim +9,3, Miesbach +7,4, Garmisch-Partenkirchen +4,7, Oberallgäu +3,9). Nicht ganz so stark ausgeprägt ist die Wachstumstendenz in Südost- und Ostbayern (+3,4 bzw. +1,8), wo in den letzten Jahren günstige wirtschaftliche Entwicklungen zu verzeichnen waren (Beispiele: Kr. Altötting +4,6, Passau +4,5, Dingolfing-Landau +4,0, Cham +3,7, Freyung-Grafenau +0,7).

Während Unterfranken (+0,2) und Westmittelfranken (+0,8) ein weitgehend ausgeglichenes Wanderungsergebnis zeigen, sind Nordostoberfranken (-2,1) sowie Mittel- und Nordschwaben (-2,3) - beides in unterschiedlicher Ausprägung industrielle Problemräume - flächenhafte Abwanderungsgebiete. Hier führten v.a. der in den letzten Jahren erfolgte Abbau industrieller Arbeitsplätze, der nicht durch Neugründungen im sekundären oder tertiären Bereich ausgeglichen weden konnte, sowie ein Defizit an höherwertigen Arbeitsplätzen im Dienstleistungssektor zur Abwanderung vornehmlich jüngerer Erwerbstätiger. R. Paesler

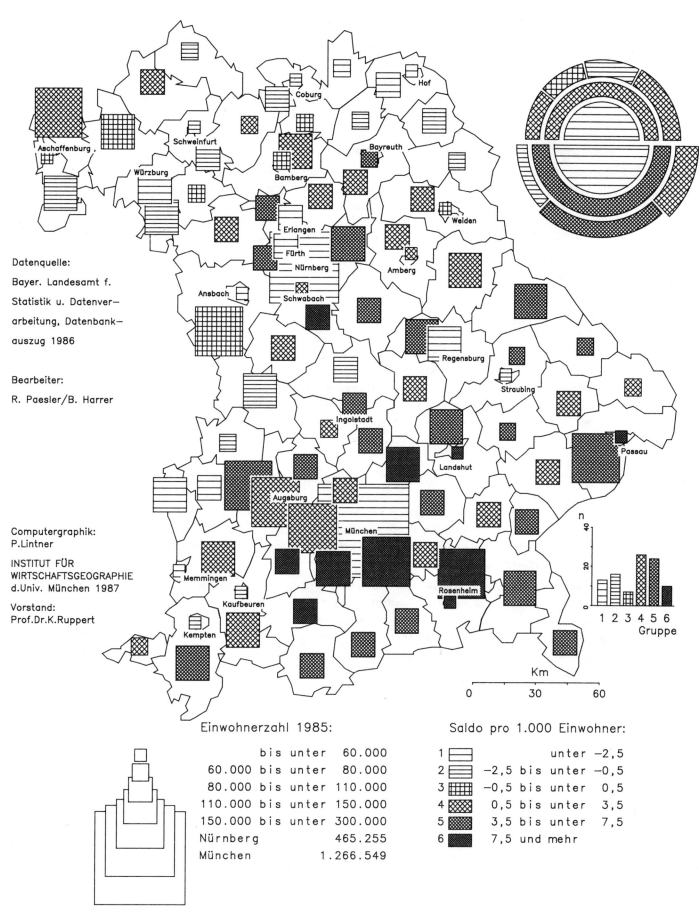

Karte 11: Bevölkerungsbewegung insgesamt 1984/1985

Nachdem in Karte 7 die langfristigen (1840 - 1985) und in Karte 8 die neueren Tendenzen der Bevölkerungsveränderung (1965 - 1985), jeweils prozentual, dargestellt worden sind, zeigt nun Karte 11 die neueste Bevölkerungsbewegung als Summe der Salden von natürlichen und Wanderungsbewegungen 1984/85, bezogen auf 1 000 Einwohner 1985. Der Zweijahreszeitraum wurde gewählt, um einerseits ein Bild der aktuellen Entwicklungstendenzen zu geben, andererseits kurzfristige Sonderentwicklungen, wie sie in einem einzigen Jahr auftreten können, nicht zu sehr in den Vordergrund treten zu lassen.

Die Karte zeigt als wichtigstes Ergebnis, daß Bayern zwar insgesamt als - neben Baden-Württemberg - einziges Bundesland in diesem Zeitraum eine Bevölkerungszunahme verzeichnen konnte, sich jedoch aus sehr heterogenen Einheiten mit unterschiedlichen Entwicklungen zusammensetzt. Die Spanne reicht von den Landkreisen München (+16,8), Landsberg/Lech (+12,2) und Starnberg (+11,9) bis zu den Städten Regensburg (-29,9) und Hof (-13,9) bzw. den Landkreisen Hof (-9,7) und Wunsiedel (-9,8), wobei generell ein innerbayerisches Süd-Nord-Gefälle festzustellen ist.

Eine strukturräumliche Typisierung zeigt, daß auch die übrigen, bei den Karten 6-10 mehrfach erwähnten charakteristischen Unterschiede der Bevölkerungsentwicklung innerhalb Bayerns sich bis in die jüngste Zeit fortsetzen, d.h. in den Daten von 1984/85 ablesbar sind:

1. überdurchschnittliches Wachstum der Verdichtungsräume, wobei die südbayerischen (+7,7) deutlich dynamischer sind als die nordbayerischen (+4,1);
2. Differenzierung innerhalb der Verdichtungsräume mit - durch Wanderungs- und Geburtenüberschüsse - stark wachsenden Umlandkreisen und schwächer wachsenden oder schrumpfenden Kernstädten, allerdings auch hier mit charakteristischen Nord-Süd-Unterschieden (kreisfreie Städte Südbayerns -0,3, Nordbayerns -5,1);

   im "ländlichen Raum"
3. deutlich positive Bevölkerungsentwicklung im Zuwanderungsgebiet des Alpenraums (+4,5), weniger ausgeprägtes Wachstum in Südost- (+2,0) und Ostbayern (+1,3);
4. ungefähr ausgeglichene Entwicklung von Westmittelfranken und Unterfranken (je -0,4);
5. leicht abnehmende Tendenz in Mittel- und Nordschwaben (-1,9) und stark negative Bevölkerungsentwicklung in Nordostoberfranken (-6,7), wo relativ starke Abwanderung und Sterbefallüberschüsse zusammentreffen.

Bei der Frage nach Erklärungen für die unterschiedliche Bevölkerungsentwicklung in den Teilräumen Bayerns wird deutlich, daß sicherlich die Wohnwünsche bestimmter sozialgeographischer Gruppen eine gewisse, wahrscheinlich noch zunehmende, Rolle spielen (Stadtrandwanderung junger Familien in den Verdichtungsräumen, Ausdehnung des Münchner Wohnbereichs in die südlich angrenzenden Alpenrandkreise, Altersruhesitzwanderung in landschaftlich attraktive und infrastrukturell sehr gut ausgestattete Gebiete wie den oberbayerisch-schwäbischen Alpenraum); daß ferner in gewissen Fällen relativ hohe oder niedrige Geburten- oder Sterbefallüberschüsse die Gesamtentwicklung entscheidend beeinflussen können - obwohl das generative Verhalten wegen seines engen Zusammenhangs mit der Altersstruktur wiederum stark vom Ausmaß gruppenspezifischer Wanderungen abhängt. Die Hauptursache liegt jedoch sicher in regional unterschiedlicher wirtschaftlicher Dynamik, so daß sich hieraus die Schwerpunkte einer Raumordnungspolitik ergeben, die die starken Disparitäten der Bevölkerungsentwicklung abbauen will.

R. Paesler

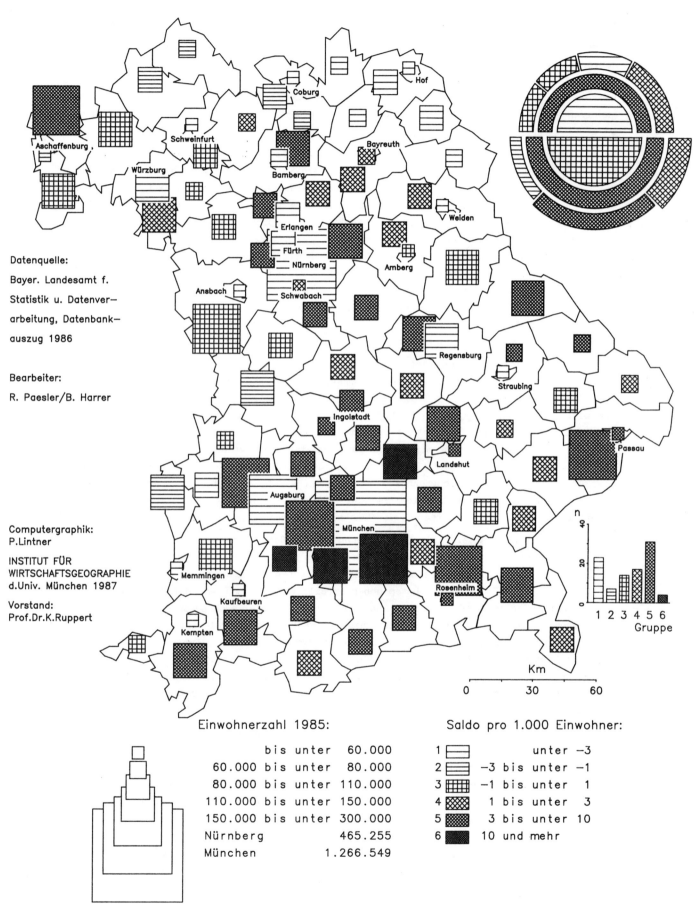

Karte 12: Über 64-jährige 1985

Zu den wichtigsten Auswirkungen des Rückgangs der Geburtenzahlen in den 60er und 70er Jahren (vgl. Karte 9) gehört eine veränderte Altersstruktur der Bevölkerung. Während der Anteil der Kinder und Jugendlichen zurückging, erhöhte sich gleichzeitig der Anteil der älteren Jahrgänge. Auch die erhöhte Lebenserwartung trug dazu bei, daß die über 64-jährigen Personen heute einen größeren Teil der Gesamtbevölkerung darstellen als je zuvor.

Im Bundesgebiet betrug der Anteil dieser Personengruppe Anfang 1985 14,7%, in Bayern 14,4%. Karte 12 zeigt die räumliche Differenzierung dieses Merkmals, die auf beachtliche regionale Unterschiede der Altersstruktur in Bayern verweist. So besitzen Landkreise wie Erlangen-Höchstadt (10,7%), Freising (10,8%), Regensburg (11,1%), Bamberg und Fürstenfeldbruck (je 11,2%) stark unterdurchschnittliche Anteile von Einwohnern im Ruhestandsalter, während Städte wie Ansbach (19,8%), Hof (19,2%), Coburg und Schweinfurt (je 19,1%), Bamberg (18,9%) oder Kempten (18,3%), aber auch Landkreise wie Berchtesgadener Land (19,1%), Wunsiedel (18,8%), Lindau (18,4%) oder Garmisch-Partenkirchen (18,0%) den Landesdurchschnittswert weit übertreffen. Die größeren Städte liegen im allgemeinen leicht bis stärker über dem Durchschnitt (z.B. Nürnberg 17,5%, Regensburg 17,0%, Würzburg 16,3%, München 15,6%); Ausnahmen bilden etwa Erlangen und Ingolstadt mit nur 13,1 bzw. 14,0%. Die meisten Kreise im "ländlichen Raum" zeigen Werte zwischen 13 und 16%, wobei deutlich erhöhte Anteile insbesondere im Alpenraum und in Nordostbayern auftreten.

Bei jeder Interpretation des regionalen Musters ist zu berücksichtigen, daß die Altersstruktur der Gesamtbevölkerung zwar überwiegend durch das Verhältnis von Geburten zu Todesfällen verursacht wird, daß aber bei kleinräumiger Betrachtungsweise die Wanderungen den wichtigsten Erklärungsansatz bieten. Dies zeigen besonders deutlich die Landkreise in den Verdichtungsräumen (vgl. obige Beispiele), die ihre niedrigen Anteile an älteren Personen der starken Zuwanderung junger Familien (Stadtrandwanderung, vgl. Karten 9 und 10) verdanken. Dementsprechend sind die Anteile der älteren Bevölkerung in den Kernstädten - wo langjährige niedere Geburtenraten hinzukommen - relativ hoch, mit Ausnahme solcher Städte, die aufgrund ihres Ausbildungs- oder Arbeitsplatzangebots eine stärkere Attraktivität für jüngere Leute besitzen (vgl. München, Erlangen u.a.).

Unterschiedlich hohe Anteile älterer Personen an der Gesamtbevölkerung können also durch Zu- oder Abwanderung verursacht werden. Besonders deutlich wird dieser Unterschied bei einem Vergleich des Alpenraumes mit dem oberfränkischen Zonenrandgebiet. In den randalpinen Kreisen kommen die oben erwähnten hohen Anteile ganz überwiegend durch altersspezifische Zuwanderung zustande ("Altersruhesitzwanderung", aber auch schon länger anhaltende Zuwanderung älterer Erwerbstätiger, die nun in das Rentenalter "hineinwachsen"). In Landkreisen wie Wunsiedel, aber auch beispielsweise Hof (17,7%) oder Kulmbach (16,3%) ist der hohe Anteil dagegen ein Ergebnis schon jahrzehntelang anhaltender Abwanderung jüngerer Jahrgänge, die schon seit längerem zu niedrigen Geburtenraten und relativ hohen Rentneranteilen führt. Besonders deutlich zeigt sich das Ergebnis aus Abwanderung jüngerer Menschen und niedrigen Geburtenraten bei den o.g. Mittelstädten.

Bei Anteilen der über 64-jährigen, wie sie in Teilen Nordbayerns, aber auch im Alpenraum, auftreten, wird häufig von "Überalterung" gesprochen. Inwieweit diese Charakterisierung zutrifft, läßt sich kaum eindeutig bestimmen, zumal der Begriff selbst nicht exakt zu definieren ist. Sicherlich müssen auch die Ursachen der Entwicklung berücksichtigt werden, um entscheiden zu können, ob eine regionale Problemsituation entstanden ist (Zu-oder Abwanderungsgebiet, wirtschaftlicher Aktiv- oder Problemraum). R. Paesler

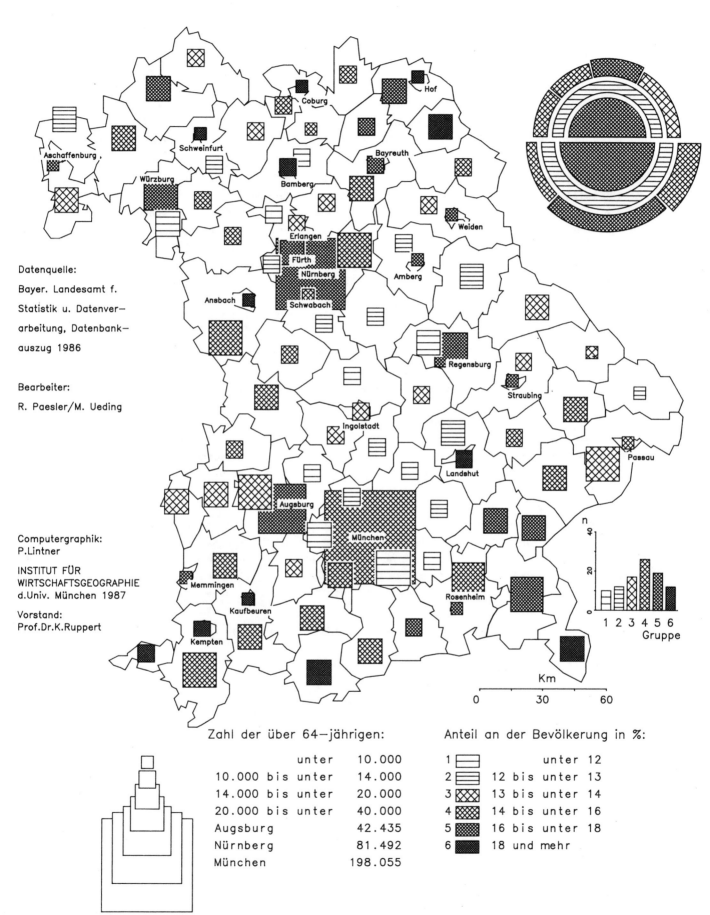

Karte 13/14: Veränderung der Zahl bzw. der Anteile der über 64-jährigen 1970-1985

Im Text zu Karte 12 wurde bereits auf die Zunahme des Anteils älterer Menschen an der Gesamtbevölkerung aufgrund von höherer Lebenserwartung und gesunkenen Geburtenzahlen hingewiesen. Die untenstehende Abbildung zeigt das Ausmaß dieses demographischen Prozesses für Bayern im Zeitraum 1939 - 1985. Die gegenwärtige leichte Abnahme ist das nur vorübergehend wirksame Ergebnis einer geringeren Zahl von Geborenen der Zeit nach dem 1. Weltkrieg, die - zusätzlich durch den 2. Weltkrieg dezimiert - in den letzten Jahren in die Altersgruppe der über 64-jährigen hineinwuchsen.

Die räumlich differenzierte Entwicklung der Zahlen bzw. Anteile älterer Menschen 1970 - 1985 wird in den Karten 13 und 14 unter zwei Aspekten dargestellt. Zunächst zeigt Karte 13 die prozentuale Veränderung der absoluten Zahl der über 64-jährigen. Hier ergeben sich die höchsten Steigerungswerte selbstverständlich dort, wo die Bevölkerung insgesamt und damit auch die älteren Jahrgänge zunahmen (Verdichtungsräume in Südbayern +35,6%, in Nordbayern +20,8%; kreisfreie Städte in Südbayern +20,0%) und wo sich der Seniorenanteil zusätzlich durch altersspezifische Wanderung erhöhte (Alpenraum +30,2%). In diesen Räumen mit hoher Zunahme der absoluten Zahl älterer Bevölkerungsgruppen können Infrastrukturprobleme (medizinische Versorgung, Altenheim- und Krankenhausplätze u.ä.) brisant werden. Umgekehrt nahm in einzelnen Kreisen Nordostbayerns die Zahl der über 64-jährigen sogar ab, in Nordostoberfranken insgesamt betrug die Zunahme nur 3,2%, in Westmittelfranken 5,0%. Hier machen sich die stagnierenden bis sinkenden Einwohnerzahlen bemerkbar.

Ein in charakteristischen Räumen völlig anderes Bild zeigt Karte 14 mit einer Darstellung der Veränderung der Anteile der Senioren an der Gesamtbevölkerung in Prozentpunkten. Hier ergeben sich die geringsten Zunahmen - in einigen Kreisen sogar Abnahmen des Anteils - in den Verdichtungsräumen und speziell in den Umlandkreisen mit ihrer Attraktivität für jüngere Bevölkerungsgruppen (z.B. in den Verdichtungsräumen Südbayerns: Zunahme lediglich von 11,3% auf 12,3% der Einwohner). In Nordostoberfranken und den kreisfreien Städten Nordbayerns dagegen, die durch Abwanderung jüngerer Gruppen gekennzeichnet sind, erhöhte sich der Altenanteil um 1,9 bzw. sogar um 2,8 Prozentpunkte (von 14,3% auf 17,1%). Für die übrigen strukturellen Raumkategorien sind Zunahmen von 1 - 2 Prozentpunkten kennzeichnend; lediglich der Alpenraum weist mit +2,4 Prozentpunkten ebenfalls eine überdurchschnittliche Zunahme auf. Hier manifestiert sich noch einmal der hohe Anteil mittlerer und älterer Jahrgänge an den Zuwanderern in diesem Raum, so daß die Angehörigen älterer Bevölkerungsgruppen hier in absoluten Zahlen wie auch nach ihrem Anteil an der Gesamtbevölkerung überdurchschnittlich zunehmen.

R. Paesler

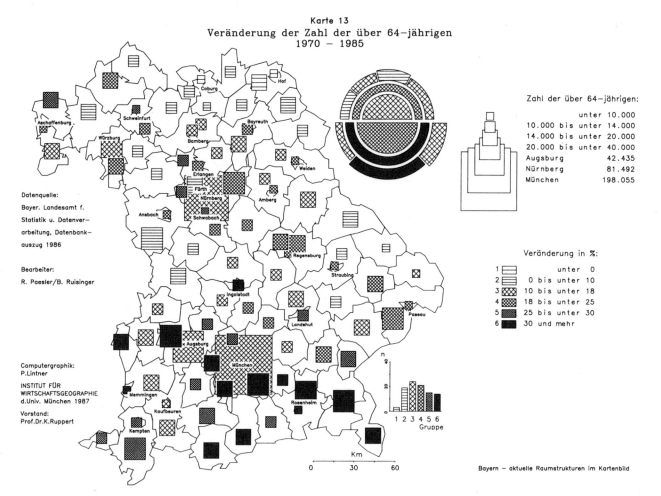

Karte 13
Veränderung der Zahl der über 64-jährigen
1970 – 1985

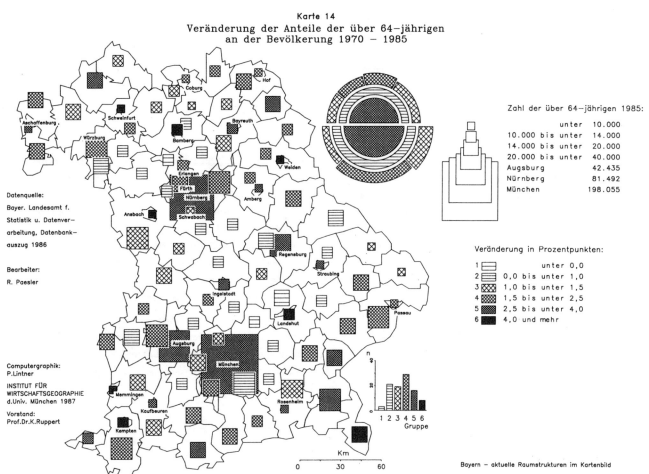

Karte 14
Veränderung der Anteile der über 64-jährigen
an der Bevölkerung 1970 – 1985

Karte 15: Ausländer 1985

Ende 1985 lebten in der Bundesrepublik Deutschland 4,379 Mill. Ausländer, d.h. 7,2% der Bevölkerung. Hierin sind sowohl ausländische Arbeitskräfte mit ihren Familienangehörigen enthalten (ca. 80% der Gesamtzahl), als auch Nicht-Erwerbstätige, Studenten, Asylbewerber u.a. Auf Bayern entfielen 1985 0,668 Mill. Ausländer (6,1% der Einwohner), allerdings in außerordentlich ungleicher Verteilung. Während in der Stadt München bereits in Bezug auf gewisse Stadtviertel von "Ausländergettos" gesprochen wird, fällt die nicht-deutsche Bevölkerung in einigen ostbayerischen Kreisen nicht ins Gewicht. Zahlenmäßig bedeutet die innerbayerische Ungleichverteilung, daß etwa 40% der Ausländer auf die Region München entfallen, während gewisse nord- und ostbayerische Kreise weniger als 1 000 Ausländer beherbergen.

Karte 15 zeigt - neben der absoluten Zahl pro Kreis - die Ausländerquote als Anteil an der Gesamtbevölkerung in %. Wie schon erwähnt, ergeben sich die höchsten Werte für die Region München. Während die Stadt auf einen Anteil von 16,2% kommt - eine der höchsten Ausländerquoten unter den Großstädten des Bundesgebietes -, weisen die Landkreise Werte von 8,4% (München) über 5,6% (Fürstenfeldbruck) bis 3,5% (Landsberg/Lech) auf. Die Region München besitzt also eine große Anziehungskraft für Ausländer (Beschäftigte im Industrie- und Dienstleistungsbereich, Studenten, aber auch sonstige hier wohnhafte Ausländer), die sich stark in der Kernstadt konzentrieren. Aufgrund ihrer sozialen Schichtung (überdurchschnittliche Anteile der sozialen Grundschicht) und ihres oft auch von vornherein nur befristeten Aufenthalts kommt eine Wohnung im Umland für sie weniger in Frage.

Der mittelfränkische Verdichtungsraum weist eine ähnliche Verteilung auf mit 13,1% in Fürth, 11,3% in Nürnberg und 9,4% in Erlangen sowie beispielsweise 5,4% im Nürnberger Land oder 4,1% im Kreis Erlangen-Höchstadt. Ähnliches gilt für Augsburg (Stadt 12,3%, Landkreis 5,2%), während die kleineren Verdichtungsräume - abgesehen von den Industriestandorten Ingolstadt (10,0%) und Aschaffenburg (8,9%) - wesentlich weniger attraktiv für Ausländer sind (z.B. Stadt Regensburg 4,8%, Würzburg 5,1%, Bayreuth 4,5%). Die Umlandkreise dieser kleineren Verdichtungsräume unterscheiden sich mit ihren Anteilen (z.B. Kr. Regensburg 2,5%, Würzburg 2,4%) kaum vom "ländlichen Raum", in dem im allgemeinen 2-4% Ausländer wohnen. Noch niedrigere Quoten erreichen Kreise im "Zonenrandgebiet", die weder von der Ausbildungs- oder Arbeitsplatzsituation her noch aus anderen Gründen als Wohnsitz für Ausländer attraktiv sind (z.B. Kreis Freyung-Grafenau 0,9%, Tirschenreuth 1,0%).

Eine Ausnahme ist der Alpenraum, der bezüglich seines Ausländeranteils - wie in manch anderer Hinsicht auch - ähnliche Bevölkerungsstrukturen wie die Verdichtungsräume aufweist. Er kommt insgesamt auf 5,9% und liegt mit einigen Kreisen noch wesentlich darüber (z.B. Lindau 8,7%, Garmisch-Partenkirchen 7,7%, Berchtesgadener Land 7,1%). Aus diesen Zahlen wird die Wirtschaftskraft der randalpinen Kreise deutlich, vor allem die günstige Beschäftigungssituation in den Bereichen Fremdenverkehr und sonstige Dienstleistungen. Auch die Nähe zu Österreich darf nicht übersehen werden. Ein beträchtlicher Anteil der ca. 775 000 in der Bundesrepublik Deutschland gemeldeten Österreicher wohnt und arbeitet, neben der Region München, in den an das Nachbarland angrenzenden Kreisen.

Insgesamt zeigt die Karte, entsprechend der Zusammensetzung der Ausländer mit starkem Übergewicht der Gastarbeiter, eine deutliche Konzentration in den großen Verdichtungsräumen und, abgeschwächt, in sonstigen Industriestandorten und wirtschaftsstarken Kreisen des "ländlichen Raumes". Für diesen ergibt sich dadurch auch hier der bei anderen Karten mehrfach zu beobachtende Nord-Süd-Unterschied innerhalb Bayerns.   R. Paesler

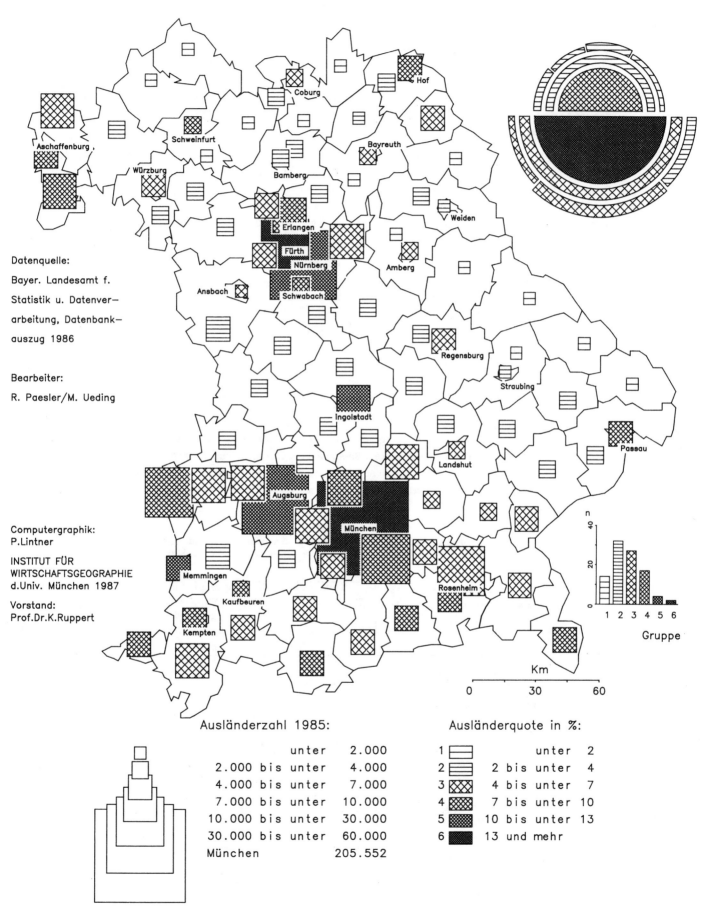

Karte 16: Steuerpflichtige mit einem Einkommen unter 25 000 DM 1980

Das Merkmal Einkommen besitzt aus räumlicher Sicht u.a. zwei Interpretationsvarianten. Einerseits bildet es ein wesentliches Kriterium zur Gliederung der Bevölkerung nach der Sozialstruktur, andererseits bietet es einen beachtlichen Erklärungsansatz für Raumstrukturen gestaltende Kapitalströme. In den Karten 16 und 17 sind deshalb die Steuerpflichtigen mit niedrigem und hohem Einkommen dargestellt. Karte 18 enthält eine Typisierung aus drei Einkunftsgrößenklassen.

Aufgrund der Ergebnisse der Lohn- und Einkommensteuerstatistik wurden 1980 in Bayern 3,77 Mio. lohn- und unbeschränkt einkommensteuerpflichtige natürliche Personen (ohne Verlustfälle) erfaßt. Der Gesamtbetrag ihrer Einkünfte betrug 131,3 Mrd. DM, wofür sie 24,5 Mrd. DM Lohn- und Einkommensteuer entrichteten. Dabei erzielten 44% der Lohn- und Einkommensteuerpflichtigen einen Gesamtbetrag der Einkünfte unter 25 000 DM, 39,5% zwischen 25 000 DM und 50 000 DM und 16,5% von mehr als 50 000 DM.

Obwohl sich die Zahl der Steuerpflichtigen mit einem Gesamtbetrag der Einkünfte bis zu 25 000 DM im Vergleich zu 1977 um 16,5% verringerte, bringt Karte 16 zum Ausdruck, daß 1980 (!) immer noch weite Teile besonders Westmittelfrankens, der nördlichen Oberpfalz und Niederbayerns aber auch das nördliche Unterfranken, Oberfranken, die südliche Oberpfalz, das Allgäu und Südostoberbayern durch Anteilswerte von über 46% in den niedrigeren Einkommensgruppen gekennzeichnet sind. Dagegen fallen die Anteile in den kreisfreien Städten für diese Einkommensstufe wesentlich geringer aus. Besonders eindrucksvoll stellt sich dieser Sachverhalt auch in den Nachbarlandkreisen der Stadt München dar. Insgesamt betrachtet reichen die Anteilswerte vom Minimum im Landkreis München mit 30,6% bis hin zum Maximum im Landkreis Freyung-Grafenau mit 60,7%.

Die räumliche Verteilung dieser gravierenden Anteilsunterschiede verursachen sicherlich mehrere Faktoren wie z.B. die sektoralen Erwerbsstrukturen, prosperierende oder zurückgehende Wirtschaftszweige, Ausstattung, Anforderung und damit Qualifikationsniveau der Arbeitsplätze oder wie z.B. im südlichen Alpenvorland von München bevorzugte Wohnstandortwahl höher verdienender Steuerpflichtiger.

R. Metz

Gesamtbetrag der Einkünfte der Lohn- und Einkommensteuerpflichtigen in Bayern 1980 nach Größenklassen des Gesamtbetrags der Einkünfte

Gesamtbetrag der Einkünfte von...bis unter...DM	Lohn- und Einkommensteuerpflichtige		
	Anzahl	Anteil	Veränderung gegenüber 1977
		%	
1 - 4 000	246 793	6,6	- 11,4
4 000 - 8 000	240 566	6,4	
8 000 - 12 000	213 695	5,7	- 15,4
12 000 - 16 000	229 858	6,1	- 25,0
16 000 - 25 000	724 603	19,2	- 17,0
25 000 - 32 000	581 501	15,4	15,9
32 000 - 50 000	908 444	24,1	
50 000 - 100 000	526 262	14,0	80,6
100 000 und mehr	95 170	2,5	48,9
Bayern	3 766 892	100	4,0

Quelle: Georg, H.-J., Die Einkommensstruktur der natürlichen Personen 1980, in: Bayern in Zahlen, 1985, H. 8, Übersicht 3, S. 270.

Karte 16
Steuerpflichtige mit einem Einkommen unter 25.000 DM 1980

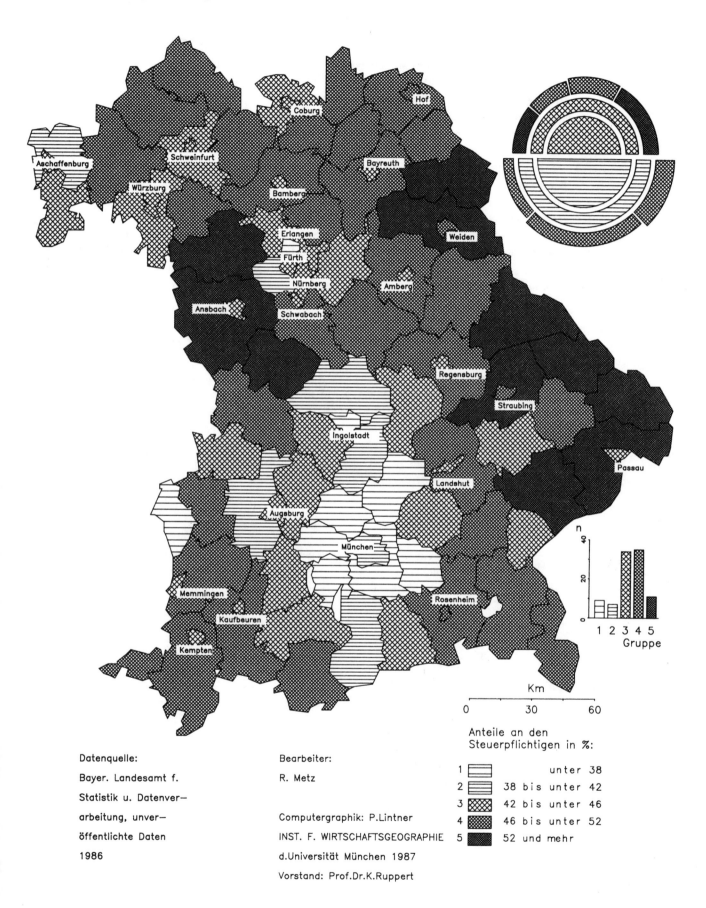

Bayern — aktuelle Raumstrukturen im Kartenbild

Karte 17: Steuerpflichtige mit einem Einkommen von 50 000 DM und mehr 1980

Von den 3,77 Mio. Lohn- und Einkommensteuerpflichtigen in Bayern 1980 wohnten allein im Regierungsbezirk Oberbayern 34,8%, die mit 50,7 Mrd. DM 38,6% des Gesamtbetrags der Einkünfte in Bayern erzielten und 42,3% der Jahreslohnsteuer und festgesetzten Einkommensteuer Bayerns an die Finanzämter zahlten. Jeder Steuerpflichtige konnte in Oberbayern im Durchschnitt mit 38 655 DM an Einkünften rechnen. Davon mußte er allerdings im Durchschnitt 7 900 DM Steuern leisten. Im Gegensatz dazu verdienten die 8,3% erfaßten Steuerpflichtigen im Regierungsbezirk Oberpfalz bei einem Anteil von 7,2% der Einkünfte in Bayern im Durchschnitt nur 30 209 DM. Das durchschnittliche Steueraufkommen betrug hier 4 886 DM. Für die Bewertung dieser unterschiedlichen Einkommenssituation müssen natürlich auch die gegensätzlichen Lebenshaltungskosten berücksichtigt werden. Dennoch werden z.B. aus der Verwaltungsgliederung nach kreisfreien Städten und Landkreisen unterschiedliche finanzielle Handlungsmöglichkeiten zwischen Stadt und Land und Regierungsbezirken ansatzweise sichtbar. Als Beispiel seien das nach Qualität stark differenzierte Einzelhandelsangebot verschiedener Branchen und die Qualität öffentlicher Infrastruktur genannt.

Karte 17 zeigt die Anteile von Steuerpflichtigen mit einem Einkommen von 50 000 DM und mehr. Gemessen an der Entwicklung der Steuerpflichtigen wie sie in Karte 16 dargestellt ist, war der Zuwachs der Zahl der Steuerpflichtigen im Vergleich zu 1977 in den Einkunftsgrößenklassen zwischen 50 000 DM und 100 000 DM sowie 100 000 und mehr mit 80,6% bzw. 48,9% außerordentlich groß. Durch feinere Schwellenwertbildung heben sich in Karte 17 der Verdichtungsraum Nürnberg-Fürth-Erlangen und viele kreisfreie Städte hervor, mit Anteilswerten in dieser Einkommensstufe von 16 bis 20%, ganz besonders aber fast die gesamte Region München und das südliche Alpenvorland mit mehr als 20%. Die Spannweite der Anteile reicht für diese Größenklasse von 6,4% im Landkreis Freyung-Grafenau bis zu 34,6% im Landkreis München. Erwartungsgemäß ist die Karte 17 ein Spiegelbild zu Karte 16 und mit dengleichenErklärungsansätzenzuinterpretieren.

R. Metz

Gesamtbetrag der Einkünfte der Lohn- und Einkommensteuerpflichtigen in Bayern 1980 nach Regierungsbezirken

Regierungsbezirk	Lohn- und Einkommensteuerpflichtige		Gesamtbetrag der Einkünfte			
			insgesamt		je Steuerpflichtigen	
	Anzahl	Anteil %	Mrd. DM	Anteil %	DM	Bayern = 100
Oberbayern	1 312 312	34,8	50,7	38,6	38 655	111
Niederbayern	317 799	8,4	9,6	7,3	30 274	87
Oberpfalz	311 627	8,3	9,4	7,2	30 209	87
Oberfranken	357 631	9,5	11,5	8,7	32 072	92
Mittelfranken	541 098	14,4	19,3	14,7	35 665	102
Unterfranken	405 711	10,8	13,1	10,0	32 409	93
Schwaben	520 714	13,8	17,7	13,5	33 914	97
Bayern	3 766 892	100	131,3	100	34 867	100
davon kreisfreie Städte	1 296 332	34,4	48,6	37,0	37 503	108
Landkreise	2 470 560	65,6	82,7	63,0	33 484	96

Quelle: Georg, H.-J., Die Einkommensstruktur der natürlichen Personen 1980, in: Bayern in Zahlen, 1985, H. 8, Übersicht 5, S. 272.

Karte 17
Steuerpflichtige mit einem Einkommen von 50.000 DM und mehr 1980

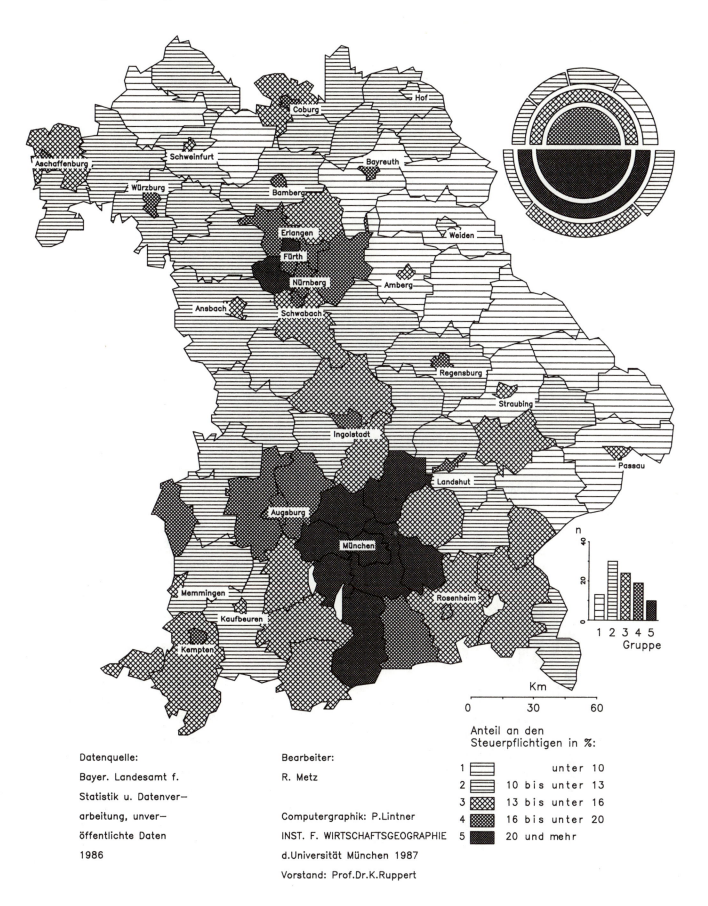

Karte 18: Typisierung der Einkommenssituation 1980

Mit dieser Karte wurde der Versuch unternommen, die Kreise Bayerns nach ihrer Einkommensverteilung zu typisieren. Als Grundlage diente ein Dreiecksdiagramm mit drei Einkunftsgrößenklassen als Einzelmerkmale: Einkünfte unter 25 000 DM, Einkünfte zwischen 25 000 und 50 000 DM und Einkünfte von 50 000 DM und mehr. Anhand der Situation in den 96 Gebietseinheiten konnten insgesamt 5 Typen gebildet werden, die nach dem Anteil in der höchsten Einkommensstufe aufsteigend sortiert sind. Mit der Ergänzung der Karten 16 und 17 durch die mittleren Einkommensgruppen zwischen 25 000 und 50 000 DM, die 1980 39,4% aller Lohn- und Einkommensteuerpflichtigen stellten, ergeben sich gut gegliederte räumliche Einkommensmuster:

Typ 1: In hierarchischen Abstufungen nach dem Gesamtbetrag der Einkünfte nimmt dieser Typ die schwächste Position ein. Die Zahl der Steuerpflichtigen mit hohem Einkommen liegt unter 10%, die mit niedrigem Einkommen über 45%, teilweise weit über 50%. Besonders die strukturschwachen Gebiete im Zonenrandgebiet Niederbayerns, der Oberpfalz und des südlichen Oberfrankens kristallisieren sich als Vertreter dieses Typs heraus.

Typ 2: Tendenziell etwas höher lauten die Einkommenssektoren für diesen Typ, mit unterschiedlichen Problemen konfrontierter ländlicher Räume. Darunter fallen beispielsweise das altindustrialisierte nördliche Oberfranken, klein- und mittelbäuerliche Nebenerwerbssituationen in Unterfranken, in Westmittelfranken, im Tertiärhügelland und im nördlichen Schwaben, aber auch weniger dynamische Fremdenverkehrsgebiete wie der Landkreis Berchtesgadener Land.

Typ 3: Dem Typ 3 sind vor allem viele kreisfreie Städte, Landkreise im äußeren Einzugsbereich von Verdichtungsräumen, im Fremdenverkehrsgebiet des Deutschen Alpenraumes oder entlang der Entwicklungsachse Nürnberg - Ingolstadt - München zuzuordnen. Dabei handelt es sich um wirtschaftlich prosperierende Räume mit Schwerpunkten der Erwerbstätigkeit im sekundären und tertiären Sektor.

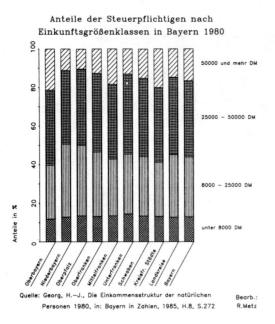

Anteile der Steuerpflichtigen nach Einkunftsgrößenklassen in Bayern 1980

Quelle: Georg, H.-J., Die Einkommensstruktur der natürlichen Personen 1980, in: Bayern in Zahlen, 1985, H.8, S.272

Bearb.: R.Metz

Typ 4: Sowohl die Kernstädte der Verdichtungsräume Nürnberg-Fürth-Erlangen und München, die im engeren Einzugsbereich liegenden Umlandkreise als auch der industriell geprägte Landkreis Neu-Ulm und die vom Fremdenverkehr profitierenden Landkreise Bad Tölz-Wolfratshausen und Miesbach charakterisieren diesen Einkommenstyp, mit gesunkenen Anteilen der niedrigen und stark gestiegenen Anteilen der hohen Einkommensgruppe.

Typ 5: Die meisten Steuerpflichtigen Bayerns mit hohem Einkommen wohnten 1980 in den Landkreisen München und Starnberg, die durch ihre naturräumliche Situation ein bevorzugter Wohnstandort zuziehender einkommensstarker Gruppen geworden sind.

R. Metz

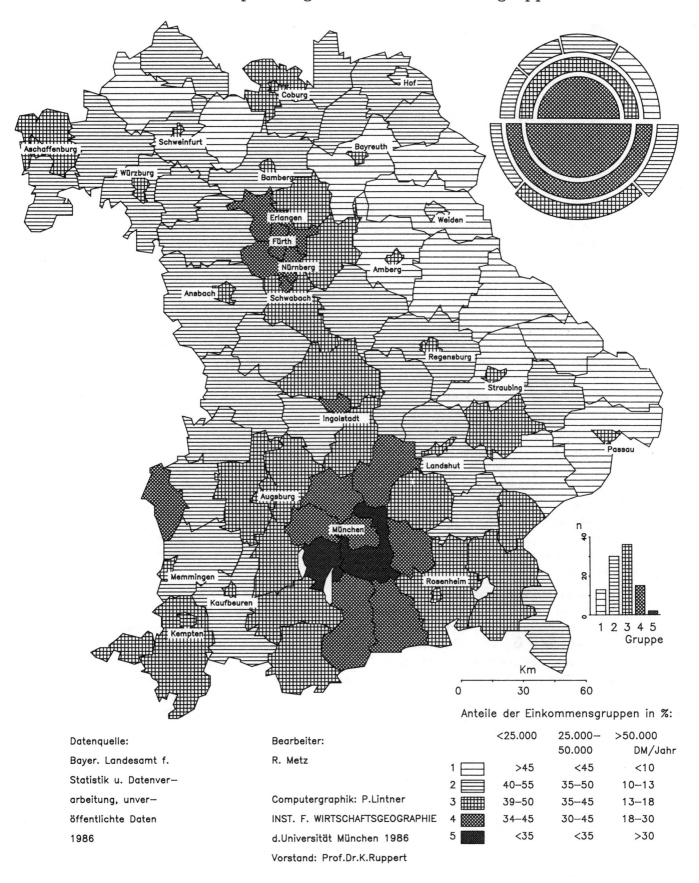

Karte 19: Sozialhilfeempfänger 1985

Die Zahl der Empfänger von Sozialhilfe ist in Bayern - wie im gesamten Bundesgebiet - seit Beginn der 80er Jahre stark angestiegen. Nach Angaben des Landesamtes für Statistik und Datenverarbeitung geht der Zuwachs überwiegend auf "Empfänger von laufender Hilfe zum Lebensunterhalt" zurück und hier wiederum vor allem auf Langzeitarbeitslose, die aus der Arbeitslosenversicherung ausgeschieden sind. Bemerkenswert ist weiterhin, daß der Ausländeranteil an den Sozialhilfeempfängern wesentlich höher ist als an der Bevölkerung insgesamt. Neben Arbeitslosen spielen hier vor allem Asylbewerber eine Rolle, für die 1980 ein 2-jähriges Arbeitsaufnahmeverbot erlassen wurde, die somit ganz überwiegend aus Sozialhilfemitteln unterhalten werden.

Diese Hinweise können das Verständnis für die räumlich differenzierte Situation in Bayern erleichtern, die in Karte 19 für 1985 dargestellt ist (Zahl und Quote der Sozialhilfeempfänger). Es kann vermutet werden, daß die Werte sowohl in Gebieten mit starker Arbeitslosigkeit als auch in solchen mit überdurchschnittlichen Ausländeranteilen relativ hoch sind. Außerdem ist ein hier noch wirksamer Stadt-Land-Gegensatz zu berücksichtigen. Während in städtischen Verdichtungsräumen die Sozialhilfe bei Notfällen häufig das einzige Mittel darstellt, den Lebensunterhalt zu bestreiten, übernimmt in stärker ländlich strukturierten Gebieten noch eher die Familie eine gewisse "Auffangfunktion", und häufig bietet die vorher nur nebenberuflich betriebene Landwirtschaft nun als Erwerbsquelle die nötigen Mittel. Es darf auch nicht vergessen werden, daß gerade größere Städte mit ihrer Anonymität eine gewisse Anziehungskraft auf soziale "Randgruppen" ausüben, die hier als Sozialhilfeempfänger auftreten.

Karte 19 zeigt überwiegend das Bild, das aufgrund der Verteilung der Arbeitslosen und der Ausländer und der regionalen Wirtschaftskraft zu erwarten ist. Die höchsten Quoten an Sozialhilfeempfängern pro 10 000 Einwohner erreichen nord- und ostbayerische Städte wie Schweinfurt (828), Nürnberg (681), Regensburg (479), Hof (453) oder Fürth (420), während die Städte im Alpenvorland im allgemeinen niedrigere Werte aufweisen (z.B. München 364, Rosenheim 389, Kempten 428, Augsburg 564). Bemerkenswert ist der Unterschied zwischen diesen Städen und den Landkreisen im Umland, die aufgrund der anderen sozialstrukturellen Zusammensetzung ihrer Bevölkerung auf signifikant niedrigere Werte kommen (z.B. Kreis Fürstenfeldbruck 200, München 134, Ebersberg 94; Augsburg 175; Erlangen-Höchstadt 187, Fürth 118).

Im ländlichen Raum dominieren Gebietseinheiten mit Quoten von etwa 120 - 250. Die höchsten Werte zeigt Südostbayern mit insgesamt 240. Auf besonders geringe Werte kommen zwei stark unterschiedlich strukturierte Gebiete: einerseits das wirtschaftlich überdurchschnittlich prosperierende Alpenvorland (z.B. Ostallgäu 89, Rosenheim 147, Garmisch-Partenkirchen 157), andererseits Westmittelfranken (173), Unterfranken (154) und Nordostoberfranken (159). Hier kommen mehrere Faktoren zusammen: geringere Ausländeranteile, relativ hohe Anteile sozial abgesicherter Rentner (vgl. Karte 12), Möglichkeit der Beschäftigung in der Landwirtschaft u.ä. Diese Beispiele zeigen, daß die Quote der Sozialhilfeempfänger zwar eine wichtige Komponente für eine Sozialstrukturtypisierung eines Raumes ist, aber keineswegs immer eindeutig bzw. nicht ohne Kenntnis der speziellen regionalen Raumstrukturen interpretiert werden kann.

R. Paesler

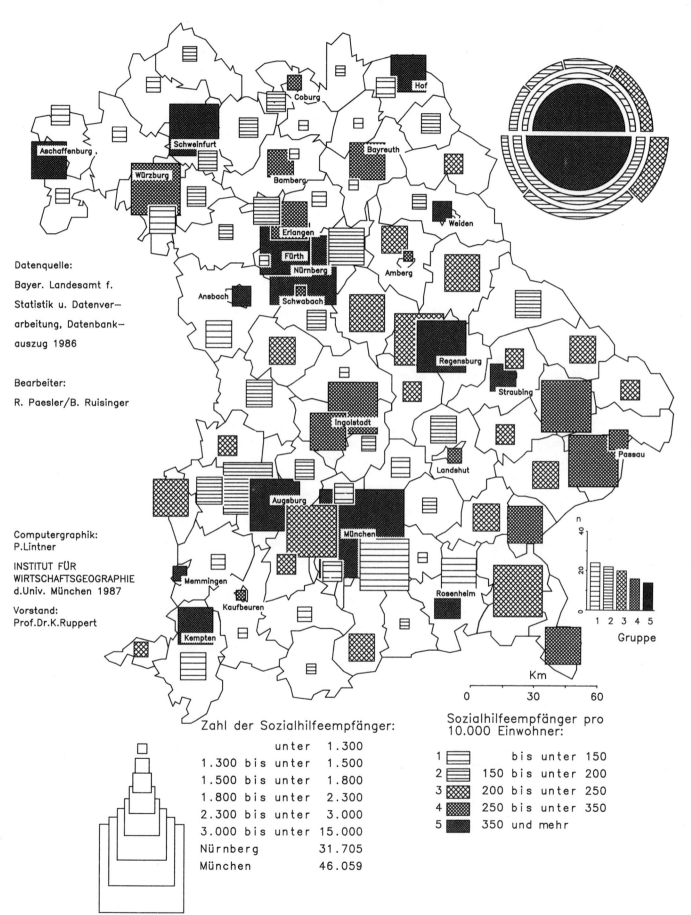

Karte 20: Typisierung der Sozialstruktur - Clusteranalyse

Analysen der Sozialstruktur nehmen in der Geographie eine wichtige Position ein, da die soziale Zusammensetzung der Bevölkerung als wichtiger Faktor der Raumgestaltung angesehen wird. Problematisch ist ein solches Anliegen angesichts einer ungünstigen Datenlage und bei der Einstufung relativ großer Gebiete, da eine gewisse Inkonsistenz (z.B. hohe Anteile sozialer Grund- und Oberschicht in den Städten) in den Beobachtungsräumen nicht berücksichtigt werden kann. Zur Typisierung mit Hilfe der Clusteranalyse (s. Einleitung) konnten drei Merkmale Verwendung finden: Die Übertrittsquoten an Gymnasien und die Anteile Steuerpflichtiger mit niedrigem und mit hohem Einkommen. Grundgedanke bei der Typisierung war die Vorstellung über hohe "Statuskorrelationen" (Zusammenwirken der Merkmale in eine eindeutige Richtung), eine Vorstellung von einem sozialen "höher" oder "niedriger" zu vermitteln (Beispiel: Weit überdurchschnittliche Übertrittsquoten und Anteile höherer Einkommen und sehr geringe Werte bei niedrigem Einkommen sprachen beim Vergleich dieser Relationen in den anderen Gruppen für die höchste Einschätzung des Typs 1). Die Clusteranalyse zeigt in sich sehr geschlossene Gruppierungen, die eine relativ eindeutige Hierarchisierung zulassen. Trotz der Problematik, die sich aus den drei verwendeten Merkmalen ergibt, läßt Karte 20 vielschichtige und räumlich sehr tief differenzierte Strukturmuster erkennen. Dabei kennzeichnen 5 Typen die sozialräumliche Situation:

Typ 1: Stadt München und Erlangen; Landkreise Fürstenfeldbruck, Starnberg und München – Diese Gebiete zeichnen sich durch eine überdurchschnittlich hohe, qualifizierende Bildungsbeteiligung und extrem gute, einseitig hohe Anteile einkommensstarker Personengruppen aus. Neben den bedeutenden Verwaltungsfunktionen und sehr qualifizierten Arbeitsplätzen im sekundären und tertiären Erwerbssektor tragen attraktive Wohnanlagen im südlichen Umland von München zu dieser Gebietsbildung bei.

Typ 2: Landkreise Dachau, Freising und Ebersberg, Neu-Ulm und Stadt Ingolstadt – Vom Inhalt her mit Typ 1 vergleichbar, unterscheidet sich der Typ 2 durch deutlich niedrigere Bildungsambitionen, aber nur geringfügig niedrigeren Anteilen in der höchsten Einkommensgruppe. Als Erklärungsansätze treffen für die ersten drei Landkreise ähnliche Gründe wie im Typ 1 zu, für die beiden anderen Räume sind industriegewerbliche Sonderentwicklungen charakteristisch.

Typ 3: Viele kreisfreie Städte; Verdichtungsraum Nürnberg-Fürth-Erlangen und die Landkreise Bad Tölz-Wolfratshausen, Miesbach, Würzburg, und Bayreuth – Typ 3 stellt eine weitere Abschwächung des Typs 2 beim Einkommensfaktor dar, jedoch liegt der Bildungsfaktor etwas höher. Im wesentlichen sind es die zentralörtlichen Positionen der Städte, der Einzugsbereich der Verdichtungszentren und der Einfluß des Fremdenverkehrs, die diesen Typ prägen.

Typ 4: Schwaben; Südostoberbayern; Teile Unter- und Mittelfrankens; Nordostoberfranken und Teile der Oberpfalz – In diesem Typ sinkt der Anteil besser Verdienender unter den bayerischen Durchschnittswert und die Übertrittsquoten sind ohne Tendenz. Dabei handelt es sich vorwiegend um wirtschaftliche Mischgebiete mit unterschiedlichen sektoralen Präferenzen bzw. Einflußfaktoren.

Typ 5: Westmittelfranken; nördliches Unter- und Oberfranken; südliche Oberpfalz; Teile Niederbayerns und der Landkreis Berchtesgadener Land – Die wachsende Bedeutung des primären Erwerbssektors und geographische Randlagen kennzeichnen diesen Gebietstyp.

Typ 6: Östliches Niederbayern und nördliche Oberpfalz – Die ökonomische Prägnanz des primären Erwerbssektors symbolisiert Typ 6, den Komplementärtyp zu Typ 1. Viele kleinbäuerliche Nebenerwerbsbetriebe und eine geringe Übertrittsbereitschaft bilden diesen Sozialstrukturtyp heraus.

P. Lintner / R. Metz

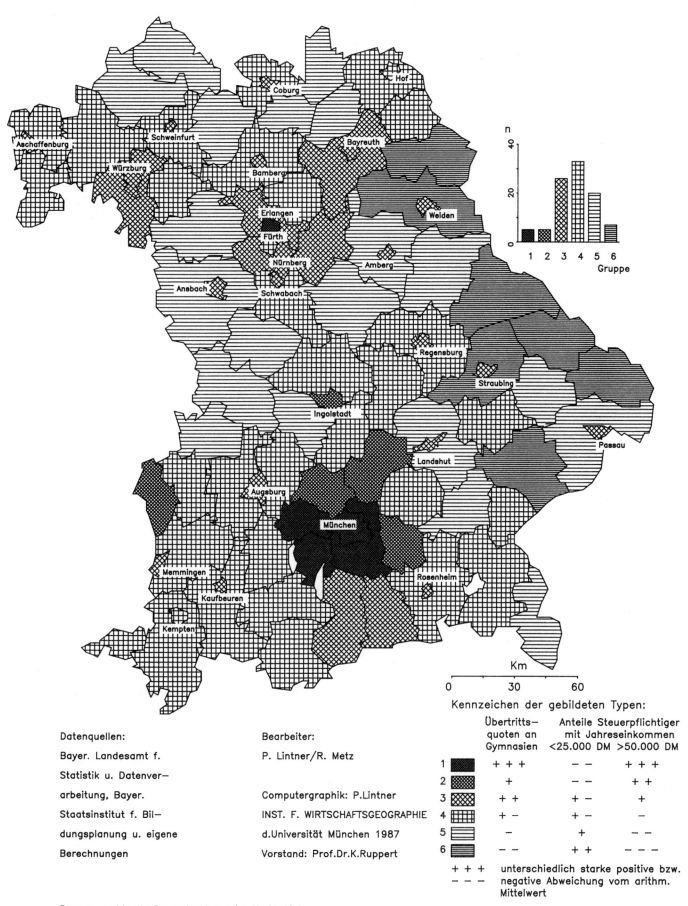

Karte 21: Ortsteile pro Gemeinde 1978

Die Siedlungsstruktur der bayerischen Kulturlandschaft wird noch immer stark von der historischen Entwicklung des Landes geprägt. Die Stämme der Baiern, Franken und Schwaben gestalteten ihre Siedlungen unterschiedlich was nicht nur in den Siedlungsformen sondern z.T. auch in den Haustypen sowie den zur Verwendung gelangten Baumaterialien zum Ausdruck kommt. Hinsichtlich der Flächennutzung wird ein überwiegender Teil Bayerns bis heute von ländlichen Siedlungen geprägt, während nur relativ geringe Landesteile von städtischen Strukturen geformt werden. Die Persistenz der Siedlungsstrukturen ist trotz des Wandels von der flächenbezogenen Agrargesellschaft zur stärker standort- und zentrenorientierten Industrie- und Dienstleistungsgesellschaft bis in die jüngste Vergangenheit stark ausgeprägt und bis heute physiognomisch wahrnehmbar. Dies ist u.a. auf die Dorferneuerungsmaßnahmen zur Sanierung der dörflichen Siedlungsstruktur zurückzuführen, mit dem Ziel, das gewachsene Ortsbild zu erhalten un zu gestalten.

Als Indikator für die räumlich differenzierte Siedlungsstruktur Bayerns dienen die Ortsteile pro Gemeinde. Die häufig verwandte räumliche Verteilung der Einwohner pro Gemeinde ist in diesem Zusammenhang weniger geeignet, weil die Kommunen häufig aus mehreren räumlich getrennten Siedlungseinheiten bestehen. Unter Ortsteilen werden Wohnplätze verstanden, die einen eigenen Ortsnamen führen. Hierzu zählen: Städte, Märkte, Pfarr- und Kirchdörfer, Dörfer, Weiler Einöden und Siedlungen. Die Karte 21 zeigt eine deutliche Differenzierung zwischen Gebieten heutiger Streusiedlungen (Einzelhöfe und Weiler) im Osten und Süden Bayerns, während der Norden und Westen des Landes stärker von siedlungsstrukturell geschlosseneren und größeren Siedlungen gekennzeichnet wird.

Im niederbayerischen Tertiärhügelland und im Landkreis Ostallgäu wird das Landschaftsbild bis heute von den Streusiedlungen geprägt. 35 und mehr Ortsteile pro Gemeinde dominieren in diesen Gebieten. Während jedoch im Ostallgäu der Hakenhof, der auf die Vereinödung des Kemptener Stifts zurückgeht, das Siedlungsbild der traditionellen Agrarlandschaft prägt, sind es in Niederbayern oft stattliche Drei- und Vierseithöfe, welche der Landschaft ihr Gepräge verleihen. Die einzelnen Höfe liegen inmitten der zum Anwesen gehörenden Fluren. In weiten Teilen Unter- und Mittelfrankens sowie in Schwaben herrscht das Haufendorf vor, welches als die älteste germanische Dorfform in Bayern häufig vertreten ist. Die einzelnen Gehöfte stehen meist relativ dicht beieinander und gruppieren sich entlang eines unregelmäßig verlaufenden Straßennetzes um den Dorfkern der bis heute von Kirche, Rathaus, Schule und Wirtshaus gebildet wird. Die kompakte Siedlungsform hat nur wenige Ortsteile entstehen lassen. In Teilen Schwabens, Oberbayerns und Mittelfrankens aber auch im Oberpfälzer und im Bayerischen Wald sind darüberhinaus häufig die wesentlich kleineren oft nur aus wenigen Gehöften bestehenden Weiler anzutreffen, welche im wesentlichen auf die frühmittelalterliche Rodungskolonisation zurückgehen. Diese Mischung von Haufendörfern und Weilern erhöht die Anzahl der Ortsteile beträchtlich. In den großen zusammenhängenden Waldgebieten des Odenwaldes und Spessarts sowie im hinteren Bayerischen Wald und im Fichtelgebirge sind häufig auch die entstehungsgeschichtlich wesentlich jüngeren Waldhufendörfer anzutreffen. Auch bei diesem Dorftyp herrscht grundsätzlich die geschlossene Dorfform vor, obwohl die Gehöfte oft weit auseinandergezogen längs einer Straße oder eines Baches liegen, weshalb im Gegensatz zu den Haufendörfern meist kein Ortszentrum entstanden ist. Im Oberpfälzer und Bayerischen Wald finden sich entlang der Grenze des germanisch-slawischen Siedlungsgebietes auch Rundlinge, die als die geschlossenste Dorfform (Schutzfunktion) in Bayern betrachtet werden können. Die ehemals überwiegend landwirtschaftlich geprägten Siedlungen des ländlichen Raumes erfuhren häufig einen Funktionswandel, der seinen physiognomischen Niederschlag in Pendelwohnsitzen und Gewerbeansiedlungen gefunden hat.

Th. Polensky

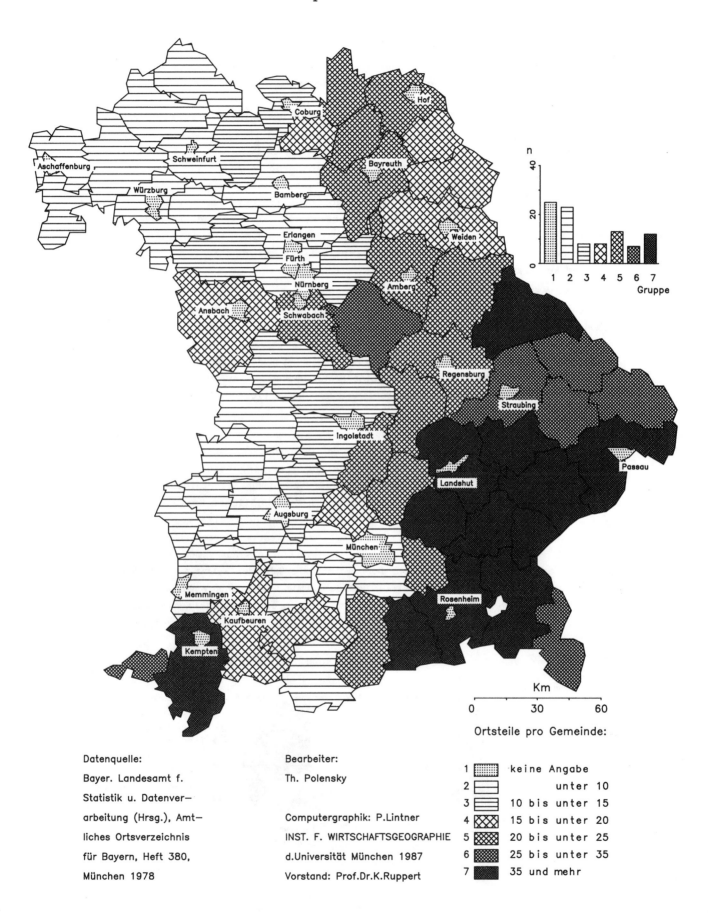

Karte 22: Wohnungen pro Wohngebäude 1985

Die Verteilung von Wohnungen und Wohngebäuden steht in engem Zusammenhang zu bekannten Raummustern der Konzentration von Bevölkerung und Arbeitsplätzen. Die Größe der Quadratsignaturen, die die Zahl der Wohngebäude im jeweiligen Gebietsbezug repräsentiert, vermittelt ein entsprechendes Bild. Die Ausprägung der Relation zwischen Wohnungen und Wohngebäuden ist darüber hinaus auch ein Ausdruck der Siedlungsform und in einem weitergehenden Sinne ein möglicher Hinweis auf urbane Lebensformen (vgl. Karte 23 und 24). Die Indikatorfunktion der Zahl der Wohnungen pro Wohngebäude für städtische Siedlungsstrukturen wird aus der Verteilung von Wohnungen und Wohngebäuden anhand des generalisierten räumlichen Rasters in der Abbildung ersichtlich. Auf die kreisfreien Städte entfallen nur 18,6% der Wohngebäude aber 34,2% der Wohnungen in Bayern. Dieses Verhältnis kehrt sich in den verdichteten Landkreisen zu einem leicht höheren Anteil an Gebäuden um und in den übrigen Kreisen übertrifft der Prozentsatz der Wohngebäude mit 49,3% den Wert der Wohnungen von 39,5% bei weitem.

Die höhere Konzentration von Wohnungen in den kreisfreien Städten bei mehrstöckiger Bauweise und kleinerem Wohnungszuschnitt kommt mit dem Mittelwert von 3,9 Wohnungen pro Gebäude deutlich zum Ausdruck. Diese Gemeinden belegen in Karte 22 fast ausschließlich die Gruppen 4 und 5, wobei die Stadt München mit einem Wert von 5,3 die erste Position einnimmt. Ohne auf die vielen, teils historischen Gründe einzugehen, sei nur auf die spezifische Form der Nachfrage speziell durch Einpersonenhaushalte, auf die ökonomischen Zwänge (z.B. Bodenpreise) und auf Kapazitätsprobleme durch konkurrierende Nutzungen hingewiesen.

In Anlehnung an ähnliche Profile bei den verschiedensten Merkmalen zeichnet sich ein Kontinuum der baulichen Verdichtung ausgehend von den Kernstädten in das Umland ab. Beispielhaft kann auf die Situation um München und Nürnberg verwiesen werden. In Nordbayern mit seinen kleineren Zentren ist dieser Gradient allerdings steiler ausgeprägt, ein Faktum, das auch im Struktursymbol durch niedrige Werte dokumentiert ist. Allgemein niedrig ist die Zahl der Wohnungen pro Wohngebäude in den ländlichen Kreisen, wo Ein- und Zweifamilienhäusern dominieren, die Zahl der Einpersonenhaushalte gering ist und das Wohneigentum einen anderen Stellenwert besitzt. Extrem niedrige Werte ergeben sich für die Landkreise im Bereich zwischen Eichstätt und Rottal-Inn. Als Ausnahme aus diesem Schema erscheint der Raum Nordostoberfranken. Dort weicht die Zahl der Wohnungen pro Wohngebäude aufgrund der frühen Industrialisierung und den damit verbundenen städtischen Strukturen von den niedrigen Werten ab. Eine besondere Situation ergibt sich im Alpenraum und im Einzelfall im Landkreis Regen, wo diese Relation durch die für Fremdenverkehrsgebiete typische Häufung von Appartements und Ferienwohnungen erhöht wird.

P. Lintner

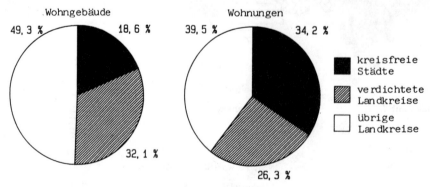

VERTEILUNG DER WOHNGEBÄUDE UND WOHNUNGEN IN BAYERN 1985

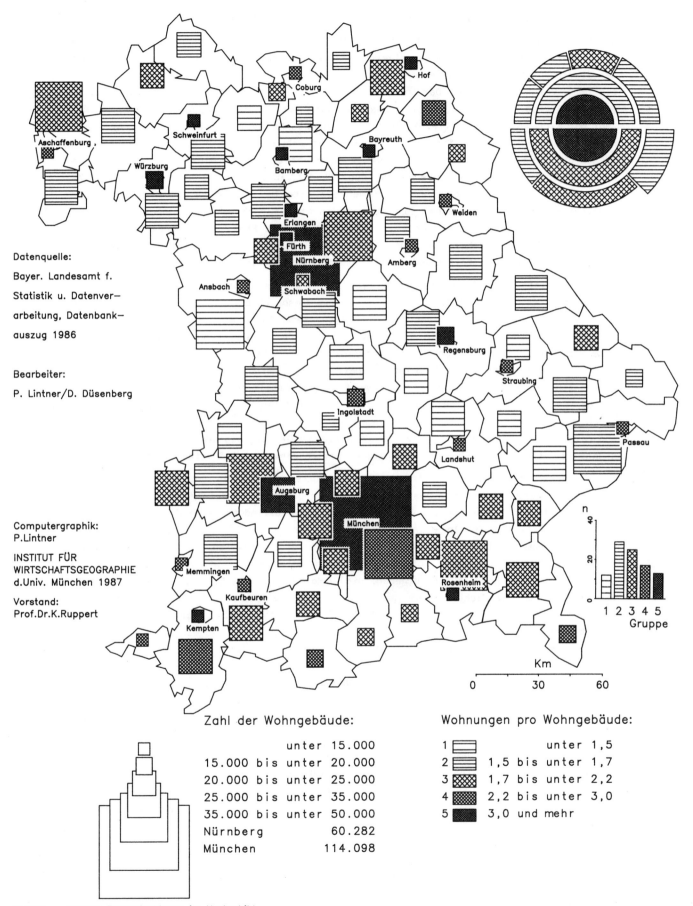# Karte 22
Wohnungen pro Wohngebäude 1985

Karte 23/24: Ein- und Zweiraumwohnungen 1985 - Struktur und Abhängigkeit

Wie bei Karte 22 schon angedeutet, spiegeln Merkmale des Wohnungsbaus nicht nur regionale Konzentrationserscheinungen der Bevölkerung und der Erwerbstätigkeit bzw. spezielle Formen der Siedlungstätigkeit wider, sondern sie besitzen zusätzlich einen Indikatorcharakter für bestimmte Verhaltensweisen. Der Anteil der Ein- und Zweiraumwohnungen, der in Karte 23 dargestellt ist, steht z.B. in engem Zusammenhang mit geringen Haushaltsgrößen und der Zahl der Einpersonenhaushalte. Da das letztgenannte Merkmal in jüngerer Vergangenheit nicht erfaßt wurde, kann der Anteil der kleinen Wohnungen wenigstens in Ansätzen als Ersatz für diesen Urbanisierungsindikator betrachtet werden, eine These, die in dem Strukturmuster der Karte 23 ihre Bestätigung findet. Ausgehend von den urbanen Verdichtungskernen mit den höchsten Werten nehmen die Anteile zu den ländlichen Räumen hin kontinuierlich ab und erreichen ein Minimum in strukturschwachen Bereichen Mittel- und Unterfrankens. Eine Sondersituation ergibt sich in den Fremdenverkehrsgebieten (z.B. Alpenraum oder Bayerischer Wald) in denen sowohl urbane Lebensformen als auch kleinere Ferienwohnungen und Freizeitwohnsitze die höheren Werte bedingen.

Neben Urbanisierungstendenzen spielt natürlich auch die städtische Bauweise bei knappen Flächenkapazitäten eine Rolle für die Entstehung dieses Strukturbildes. In Karte 24 wird daher versucht, mittels einer Regressionsanalyse diesen Einfluß zu eliminieren. Grundlage ist also eine lineare Regressionsrechnung, die auf der Ausgangsthese basiert, daß eine enge Beziehung zwischen Verstädterungsmerkmalen und dem Anteil der Ein- und Zweiraumwohnungen existiert. Mit einem Korrelationskoeffizienten von 0,72 erweist sich das Merkmal 'Wohnungen pro Wohngebäude' als die unabhängige Variable mit dem höchsten Erklärungsansatz bei der Berechnung der linearen Regression. 52% der Streuung (Bestimmtheitsmaß) werden durch die lineare Assoziation zwischen dem Anteil der Wohnungen mit einem oder zwei Räumen und der Zahl der Wohnungen pro Wohngebäude erklärt. Die verbleibenden prozentualen Abweichungen zwischen empirischen und geschätzten Werten verweisen auf weitere Einflußfaktoren.

Als Nachfrager für Ein- und Zweiraumwohnungen müssen vorwiegend alleinstehende Personen angesehen werden. Einerseits bestimmt das Strukturmuster demzufolge eine Konzentration alter Menschen in Nordostoberfranken (problematische, altindustrielle Strukturen) und in der 'Erholungslandschaft Alpen' (Altersruhesitze), andererseits spielen junge, erwerbstätige Arbeitnehmer und auch Studenten eine Rolle. In vielen Städten Nordbayerns und in den westlichen Landesteilen werden die Schätzwerte nicht erreicht, während sich in Süd- und Ostbayern positive Abweichungen ergeben. Dies dokumentiert den Einfluß der wirtschaftlichen Prosperität (Verdichtungsraum München) und die Bedeutung des Freizeit- und Fremdenverkehrs (Allgäu, Oberland, Südostoberbayern, Bayerischer Wald). Der in den genannten Gebieten sich positiv entwickelnde Dienstleistungssektor bietet für einen großen Teil der Bevölkerung attraktive Arbeitsplätze, ein Phänomen, das sich auch in der Art der Bebauung dokumentiert. Der Anziehungskraft dieser Räume steht die in dieser Hinsicht weniger ausgeprägte industriell-gewerbliche Orientierung des Verdichtungsraumes Nürnberg gegenüber. Die geringe Bedeutung kleiner Wohnungen im strukturschwachen Raum Westmittelfrankens ist weitgehend auf die dort vorherrschenden traditionellen Strukturen (z.B. Bedeutung des Wohneigentums) zurückzuführen.

Gebiete mit geringer Abweichung von der Regressionsgeraden treten meist als Übergangsbereiche auf. Anzuführen ist dabei ein Ost-West-Übergang durch die Trennlinie Bayreuth Landshut, ebenso wie ein Süd-Nord-Übergang im Bereich um Memmingen.

B. Harrer / P. Lintner

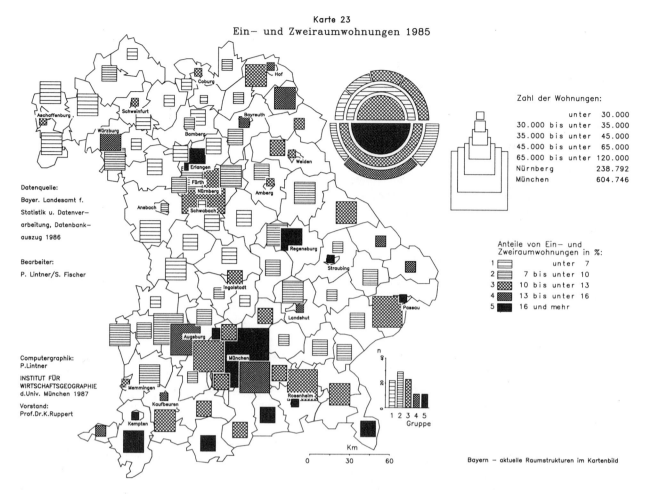

Karte 23
Ein- und Zweiraumwohnungen 1985

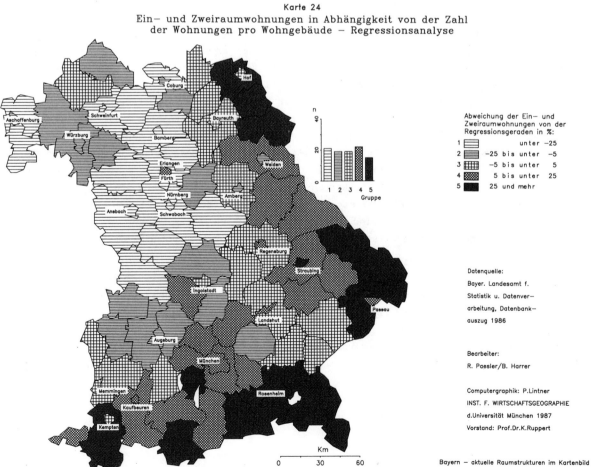

Karte 24
Ein- und Zweiraumwohnungen in Abhängigkeit von der Zahl der Wohnungen pro Wohngebäude – Regressionsanalyse

Karte 25: Wohnbautätigkeit 1980-1985

Neben der Veränderung der Einwohnerzahl (vgl. Karten 8 und 11) ist die Änderung des Wohnungsbestandes ein aussagekräftiger Indikator für räumliche Entwicklungsprozesse und die Attraktivität von Räumen. Zwar geht mit einer Bevölkerungsabnahme in der Regel kein Verlust an Wohnraum einher, aber umgekehrt bestehen enge Zusammenhänge zwischen starker Bevölkerungszunahme durch Zuwanderung und Wohnbautätigkeit. Karte 25 zeigt - anhand der Zahl der gebauten Wohnungen 1980-1985 - nicht nur diesen Aspekt, sondern gibt daneben den Anteil der Neubauwohnungen mit einem Raum an. Diese Einzimmerwohnungen, als ständige Wohnung in der Regel von Alleinstehenden bewohnt (Einpersonenhaushalte), weisen auf hohe Attraktivität für jüngere Leute hin (Studenten, alleinstehende Berufstätige), aber auch auf hohe Rentneranteile. In anderen Gebieten werden sie überwiegend oder großenteils als Freizeitwohnungen (Wochenendwohnungen, Zweitwohnungen im Naherholungs- oder Urlaubsgebiet) genutzt und können Hinweise auf die entprechende Attraktivität eines Raumes geben.

Bezüglich der Zahl der gebauten Wohnungen zeigt Karte 25 zunächst das zu erwartende Bild: starke Bautätigkeit in den Verdichtungräumen, wesentlich geringere in den "ländlichen Räumen". Allerdings wird die Aussagekraft der absoluten Zahlen durch die sehr unterschiedliche Größe der Kreise als räumliche Bezugsebene stark eingeschränkt. Deutlich tritt jedoch das weitere Siedlungswachstum der Verdichtungsräume vor Augen, innerhalb dieser die Stadtrandwanderung der Bevölkerung, sichtbar am Wohnungszuwachs in Landkreisen wie München (13 298), Augsburg (10 181), Fürstenfeldbruck (7 423), Erlangen-Höchstadt (7 071) oder Würzburg (6 836). Diese Zahlen kontrastieren stark mit den - bei Berücksichtigung der unterschiedlichen Einwohnergröße - vergleichsweise wesentlich geringeren Neubauzahlen in den Kernstädten. In den Mittel- und Großstädten mag die Neubautätigkeit (z.B. München 46 385, Nürnberg 13 716) bei gleichzeitig abnehmender Einwohnerzahl verwundern. Hier müssen jedoch zwei typische Entwicklungen berücksichtigt werden: Zum einen ist es der Verlust von Wohnungen durch Umwandlung in Büros und gewerblich genutzte Räume, durch Gebäudeabbruch u.ä., der durch Neubauten ausgeglichen wird. Besonders in den City- und Cityrandlagen sowie in den Subzentren geht auf diese Weise per Saldo ein Großteil des in den Vororten geschaffenen Wohnraums wieder verloren. Die andere, insbesondere für die größeren Städte, typische Entwicklung ist die strukturelle Umschichtung der Bevölkerung mit einem sinkenden Anteil von Familien und einem entsprechend erhöhten Anteil von Einpersonenhaushalten. Die Abnahme der durchschnittlichen Haushaltsgröße erklärt die Bevölkerungsabnahme bei gleichbleibendem oder sogar zunehmendem Wohnungsbestand. Die Vergrößerung der Zahl der Kleinhaushalte zeigt sich deutlich am hohen Anteil der neu errichteten Einraumwohnungen in den Verdichtungskernen (z.B. Passau 28%, Regensburg 24%, Erlangen 19%, Bayreuth 18%, Würzburg 13%). Daß die hier genannten Städte mit den höchsten Anteilen ausnahmslos Universitätsstädte sind, ist sicherlich kein Zufall, sondern ein Hinweis auf die Studenten und das Universitätspersonal als wichtige Gruppen unter den Nachfragern.

In stärker landwirtschaftlich strukturierten Kreisen wurden fast keine Einzimmerwohnungen gebaut (z.B. Kr. Haßberge 0,04%, Neustadt/Aisch-Bad Windsheim 0,20%). Höhere Anteile, die an städtische Werte heranreichen, zeigen jedoch die wichtigsten Fremdenverkehrs- und Naherholungsgebiete. Hier dürften die oben erwähnten Zweitwohnsitze, daneben Altersruhesitze (auch in sog. Seniorenwohnanlagen) zweifellos die entscheidende Rolle spielen, wie eine Auswahl von Beispielen zeigen kann: im Alpenraum Kr. Lindau/Bodensee 10,4%, Garmisch-Partenkirchen 9,2%, Berchtesgadener Land 8,5%; in Ostbayern Kr.Regen 5,8%.

R. Paesler

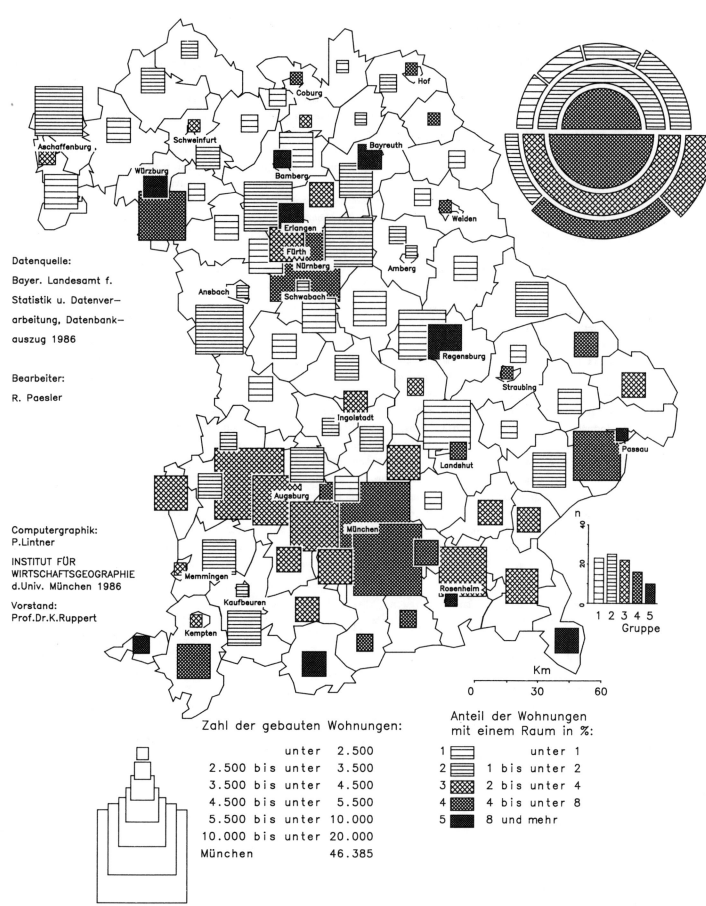

Karte 26: Nutzflächenzuwachs in Nichtwohngebäuden 1983-1985

Im Gegensatz zu Karte 25, die dem Wohnungsbau gewidmet ist, zeigt Karte 26 den Zuwachs an Geschoßflächen in Nichtwohngebäuden für den Zeitraum 1983 - 1985. Dargestellt ist zunächst der Flächenzuwachs insgesamt pro Gebietseinheit, sodann die durchschnittliche Größe der fertiggestellten Objekte. Erfaßt ist die gesamte nicht dem Wohnungsbau dienende Hochbautätigkeit im Bereich Landwirtschaft, Industrie und Gewerbe, Dienstleistungen, Verwaltung, Sozialwesen, Bildung und Kultur usw. Das heißt, die Karte kann einen Überblick über die Räume besonderer wirtschaftlicher Aktivität und stärkeren oder schwächeren Infrastrukturausbaus geben, wobei die durchschnittliche Gebäudegröße, ausgedrückt durch die Geschoßfläche, mit einigen Einschränkungen Hinweise auf den Charakter der Baumaßnahmen erlaubt. So handelt es sich bei Durchschnittsgrößen der fertiggestellten Nichtwohngebäude von weniger als 400-500 m^2 überwiegend um kleinere landwirtschaftliche, gewerbliche, aber auch kommunale Baumaßnahmen im ländlichen Raum. Bei Durchschnittsgrößen von 700 und mehr m^2, vor allem bei der höchsten Stufe (1 500 und mehr), kann dagegen vermutet werden, daß hier in größerer Zahl Industriebauten, großvolumige Geschäfts- und Bürohäuser oder größere kommunale und staatliche Baumaßnahmen in der Gesamtfläche enthalten sind.

Eine regionale Interpretation von Karte 26 zeigt zwar einerseits das schon von vielen anderen Karten (z.B. Karte 25) gewohnte Bild stärkster wirtschaftlicher Aktivität in den Verdichtungsräumen, andererseits aber ein sehr stark differenziertes Bild für den ländlichen Raum, in dem vor allem das südliche Alpenvorland durch sehr geringe Bautätigkeit im Nichtwohnbereich auffällt. Den mit großem Abstand höchsten Zuwachs weist die Stadt München auf; die Durchschnittsfläche verweist auf den hohen Anteil von Großbaumaßnahmen. Im Umland kann allenfalls der Landkreis München einen größeren Bauflächenzuwachs verbuchen, der jedoch nicht höher ist als in einigen fränkischen, schwäbischen oder ostbayerischen Kreisen. Lediglich die unterschiedliche Durchschnittsgröße verweist auf den Charakter großflächiger bzw. -volumiger Bauten im Großstadtumland einerseits und kleiner dimensionierter Gebäude im ländlich strukturierten Raum. Die übrigen Landkreise im Münchner Verdichtungsraum zeigen nur einen relativ geringen Nutzflächenzuwachs, ausgenommen den Kreis Freising als Hinweis auf den "Münchner Norden" als bevorzugtes Zielgebiet der sog. "Gewerbe- und Industriesuburbanisierung". Auch im mittelfränkischen Verdichtungsraum wird das Umland nur in geringem Maße vom Nürnberger Gebäudeflächenwachstum erfaßt. Selbst in den Städten Fürth und Erlangen fanden im betrachteten Zeitraum nur wenige, allerdings größere, Baumaßnahmen statt.

Auf den hohen Zuwachs an überwiegend kleineren Gebäuden in einigen "ländlichen" Kreisen wurde bereits hingewiesen (z.B. Kr. Passau, Rottal-Inn, Cham, Unterallgäu, Ansbach). Hier ist an landwirtschaftliche Betriebsgebäude, aber auch kleinere Industrie- und Gewerbebauten sowie sicher in gewissen Fällen auch an Fremdenverkehrsinfrastruktur (z.B. Hotels, Gastronomie usw.) zu denken. Im Gegensatz dazu steht der Fremdenverkehrsraum am Alpenrand. Hier kann von einer weitgehenden Sättigung im Freizeit- und Erholungsbereich ausgegangen werden. Da der Raum nach vielfach vertretener Meinung bereits Überlastungserscheinungen zeigt, steht die Orts- und Regionalplanung weiterer baulicher Expansion - auch im industriell/gewerblichen Bereich - sehr restriktiv gegenüber. Die Bautätigkeit findet also hier, wie auch in den meisten Umlandkreisen der Verdichtungsräume, überwiegend im Bereich des Wohnungsbaus statt.

R. Paesler

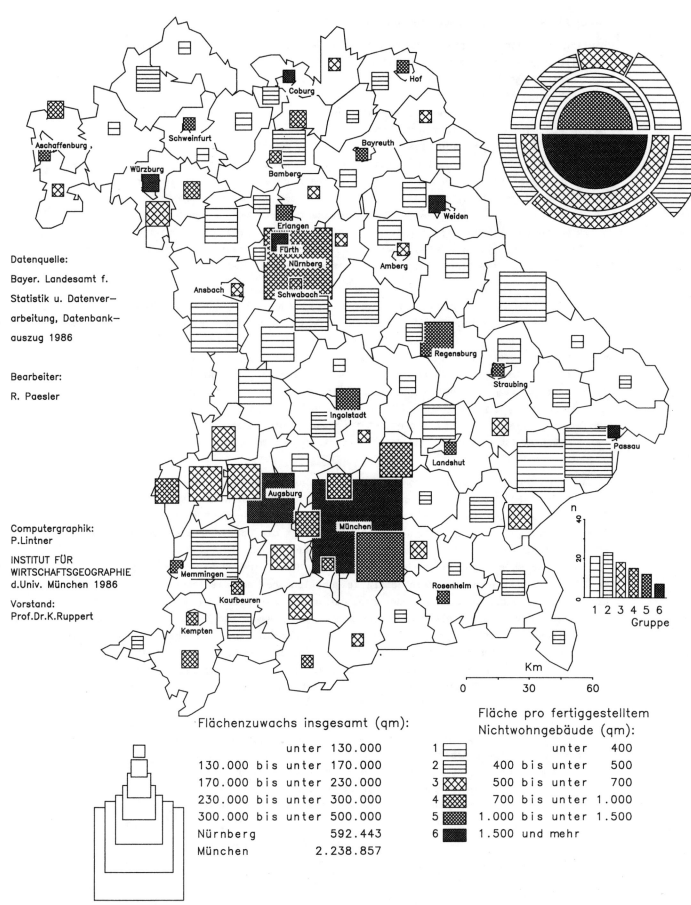

Karte 27/28: Preise für baureifes Land 1984 - Struktur und Abhängigkeit

Baulandpreise sind ein guter Indikator für die Bewertung derjenigen Flächen die der Mensch für Siedlungszwecke benötigt. Baureifes Land ist voll erschlossen, d.h. mit allen für das Bauen notwendigen infrastrukturellen Vorleistungen ausgestattet. Preisunterschiede wie sie Karte 27 zeigt sind also weniger eine Folge unterschiedlichen Erschließungsgrades sondern werden vor allem durch den arbeitsplatz- und wohnstandortbedingten Nachfrageüberhang an Bauland z.B. in den zentralen Orten bzw. Verdichtungsräumen und durch regionalspezifische, freizeitorientierte Attraktivitätsunterschiede z. B. in den Fremdenverkehrsgebieten hervorgerufen. Das Struktursymbol weist ein deutliches Kern-Randgefälle auf. Baulandpreise über 100 DM/qm finden sich vor allem in den Kreisfreien Städten und den zum Umland der Verdichtungsräume gehörigen Kreise. Der ländliche Raum zeigt mit Ausnahme des Alpenraums deutlich niedrigere Preise. Das für Baulandpreise typische Kern-Randgefälle wird durch ein stark ausgeprägtes Süd-Nordgefälle überlagert. Ein Preisprofil in Nord-Süderstreckung beginnt mit Preisen von 22.-DM/qm wie z.B. im Kreis Rhön-Grabfeld und steigt auf Preise über 350.- Dm/qm im Alpenraum (Landkreis Garmisch-Partenkirchen 433.- DM/qm).

Der regional differenzierten Preisstruktur von 1984 liegt ein bayerischer Durchschnittspreis von 133.- DM/qm zugrunde. Seit dem Jahr 1962 mit einem Preis von 18.- DM/qm hat demzufolge ein erheblicher regional stark differenzierter und sich von Jahr zu Jahr beschleunigender Inwertsetzungsprozeß für Bauland stattgefunden. Die progressiv verlaufenden Preissteigerungsraten haben auch zu immer stärker ausgeprägten Bewertungsunterschieden zwischen dem ländlichen Raum und den zentralen Orten, Verdichtungsräumen sowie den Fremdenverkehrsgebieten, geführt. Während zu Beginn des Berichtszeitraumes jährliche Preissteigerungsraten von 1.- bis 2.- DM/qm vorherrschten, konnte in den letzten Jahren ein Preiszuwachs bis zu 20.- Dm/qm beobachtet werden. Trotz einer gewissen Stagnation in den Jahren 1985/86 ist in Zukunft mit einer Fortsetzung des Trends steigender Baulandpreise zu rechnen.

Unter den zahlreichen Einflußgrößen, welche sowohl den prozessualen Preistrend als auch die regional differenzierte Preisstruktur prägen, erweist sich die Siedlungsdichte (Einwohner pro Siedlungsfläche) mit einem linearen Regressionskoeffizienten von 0,63 als besonders aussagekräftig (vgl. Karte 28). Dem liegt die Überlegung zu Grunde, daß mit steigender Einwohnerzahl die Nachfrage nach Bauland bei begrenzter Siedlungsfläche zunimmt, was zu steigenden Preisen führen muß. Die Karte 28 bestätigt die generelle Gültigkeit dieser Aussage. Gleichzeitig zeigen sich aber auch regionalspezifische Unterschiede, welche das Verständnis der regionalen Preisstrukturen ergänzen. Weite Teile Nordbayerns, aber auch viele niederbayerische Kreise, sowie die Kreise Günzburg und Ansbach bleiben deutlich unter dem Erwartungswert, was auf eine niedrigere Attraktivität hinsichtlich der Einschätzung durch die Käufer schließen läßt. Anders verhält es sich in weiten Teilen Oberbayerns, wo die hohe Einschätzung der Standortgunst zu erheblich über dem Erwartungswert liegenden Baulandpreisen führt. Dies gilt insbesondere für die westlich, südlich und östlich von München gelegenen Umlandkreise, sowie die landschaftlich besonders attraktiven Kreise des Alpenraums, wie z.B. Garmisch-Partenkirchen, Miesbach, Rosenheim und Traunstein. Die Tatsache, daß die Kerne der großen Verdichtungsräume München und Augsburg geringere positive Abweichungen vom Erwartungswert aufweisen als die meisten der sie umgebenden Kreise, läßt die Vermutung zu, daß die Wohnattraktivität in den Umlandgemeinden heute vielfach höher eingestuft wird als in den Kernstädten. Im Falle von Nürnberg, Fürth und Würzburg ist bereits eine negative Abweichung zu beobachten.

Th. Polensky

Karte 27
Preise für baureifes Land 1984

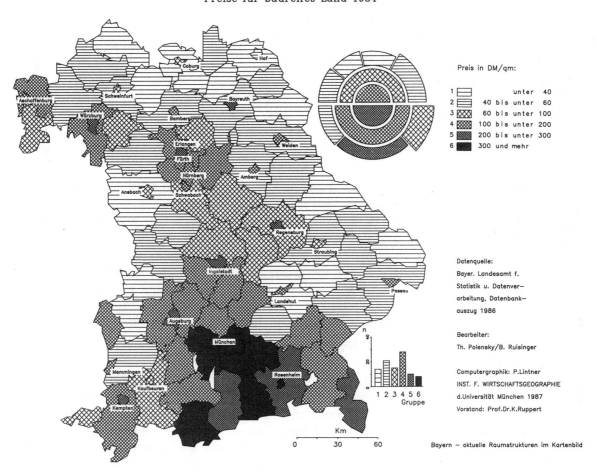

Karte 28
Preise für baureifes Land in Abhängigkeit von der Siedlungsdichte
– Regressionsanalyse –

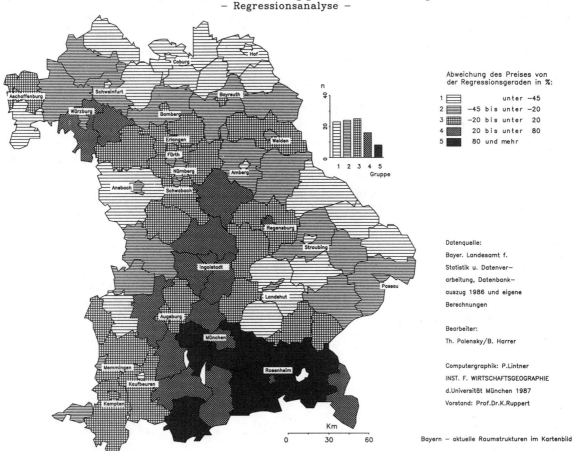

Karte 29: Bruttoinlandsprodukt (BIP) 1982

Das Bruttoinlandsprodukt (BIP) zu Marktpreisen umfaßt die wirtschaftliche Gesamtleistung eines Gebietes und stellt den Martktwert aller im Kalenderjahr erzeugten Waren und Dienstleistungen nach Abzug der Vorleistungen dar. Das BIP zu Marktpreisen schließt ebenso als Pendant zu den erzeugten Gütern die Summe der im Inland entstandenen Erwerbs- und Vermögenseinkommen (z.B. Bruttolöhne, Gewinne etc.) sowie die nutzungsbedingten Abschreibungen ein.

Zusätzlich verbergen sich in dieser Größe auch die indirekten Steuern (abzüglich Subventionen), die streng genommen nicht zugerechnet werden können. Das BIP je Einwohner (nominales BIP, wie in der Karte 29 verwendet) kann als Indikator für die regionale Wirtschaftsleistung und für räumliche Wirtschaftsvergleiche auf Kreisebene nur eine erste Orientierungshilfe anbieten, denn besonders unterschiedliche Anteile der Erwerbstätigen im Inland an der Bevölkerung (BIP je Erwerbstätiger = reales BIP) eines Gebietes und intensive Pendlerverflechtungen finden keine Berücksichtigung. Diese Aspekte sind deshalb bei der Interpretation stark landwirtschaftlich strukturierter Räume (viele mithelfende Familienangehörige) oder den Einpendlerzentren der Verdichtungsräume zu beachten.

Das nominale BIP zu Marktpreisen erreichte 1982 in Bayern eine Höhe von 274,3 Mrd. DM, das sich nahezu in gleichen Summen auf die kreisfreien Städte und Landkreise mit 136,4 Mrd. DM bzw. 137,9 Mrd. DM verteilte. Bei der Bildung der Kennziffer durch die Bezugsgröße Einwohner ergibt sich für Bayern ein Durchschnittswert von 25 022 DM. Deutliche Unterschiede zeigen sich nun im Vergleich von kreisfreien Städten und Landkreisen mit 39 844 DM bzw. 18 290 DM. Selbst unter dem Vorbehalt der regionalen Aussagekraft dieser Kennziffer kristallisieren sich dann ansatzweise die Zentren (kreisfreie Städte) mit großer wirtschaftlicher Gesamtleistung heraus. Allein die beiden Oberzentren München und Nürnberg verzeichneten 1982 ein BIP von 59,8 Mrd. DM und 18 Mrd. DM, insgesamt 28,4% des gesamten bayerischen BIP. Die niedrigsten Werte des BIP registrierten die Städte Schwabach und Kaufbeuren mit 7,1 Mrd. DM bzw. 9,6 Mrd. DM. Auf die Einwohnerzahl bezogen rangierte München 1982 nur an dritter Stelle in Bayern mit 46 440 DM je Einwohner. An der Spitze lag die Stadt Schweinfurt mit 53 510 DM je Einwohner, gefolgt von der Stadt Bayreuth mit 50 640 DM. Diese Reihenfolge resultiert für die beiden letzten Städte aus ihrer bedeutenden Sonderstellung als lokale Wirtschafts- und Einpendlerzentren.

Mit Hilfe der strukturräumlichen Typisierung läßt sich die starke Konzentration regionaler Wirtschaftsleistung auf die kreisfreien Städte Süd- und Nordbayerns nachweisen. Mit 41 710 DM je Einwohner bzw. 37 000 DM je Einwohner übertreffen sie als einzige Gebietskategorien mit weitem Abstand den bayerischen Durchschnittswert und bestätigen mit ökonomischen Größen unsere zentrenorientierte Gesellschaftsvorstellung. Die Mängel dieser Kennziffer offenbaren sich in den sicherlich nicht ganz repräsentativen Werten für die Verdichtungsräume Süd- und Nordbayerns mit 20 040 DM je Einwohner bzw. 13 830 DM je Einwohner, wobei die Pendlerverflechtungen die bedeutendste Rolle spielen.

In den anderen eigens abgegrenzten Strukturräumen lassen sich keine größeren Leistungsunterschiede erkennen. Die Skala reicht von 16 820 DM je Einwohner in Westmittelfranken bis zu 20 220 DM je Einwohner in Nordostoberfranken. Darüberhinaus ist ein auffällig niedriges BIP und BIP je Einwohner in peripheren Kreisen an der Grenze zur DDR und der CSSR zu beobachten ebenso wie ein markantes Plus regionaler Wirtschaftsleistung in Südbayern mit vielen kleineren Zentren dokumentiert werden kann.

R. Metz

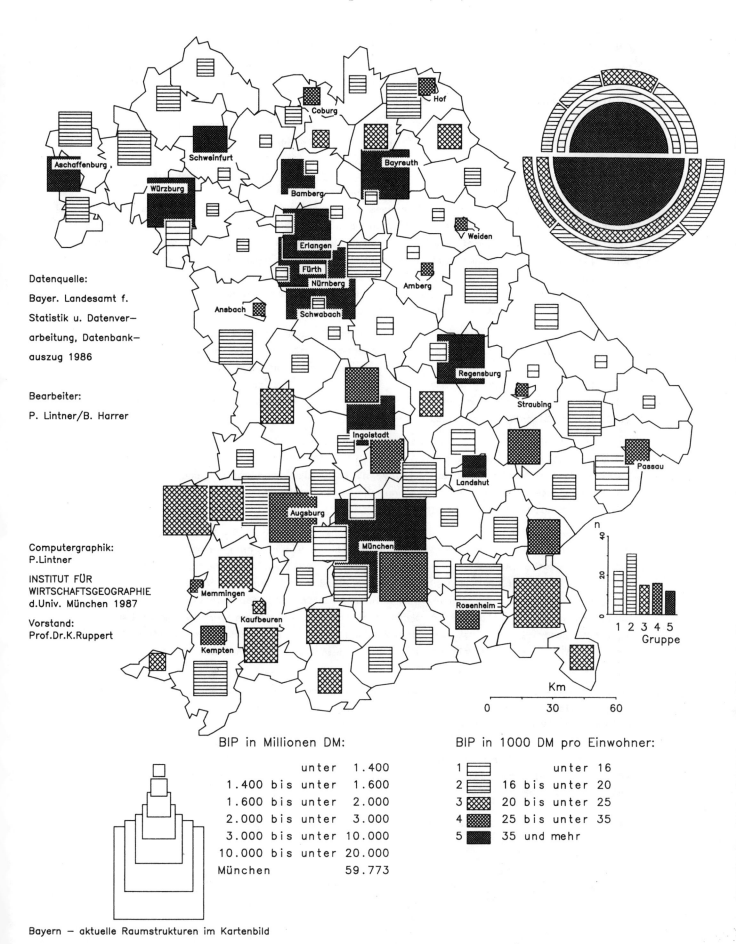

Karte 30/31: Steuereinnahmekraft 1985 und Veränderung pro Einwohner 1980-1985

Die Steuereinnahmekraft - wie sie von der amtlichen Statistik definiert wird - ergibt sich aus der Realsteueraufbringungskraft (Grundsteuer A und B, Gewerbesteuer) abzüglich der Gewerbesteuerumlage und zuzüglich des Gemeindeanteils an der Lohn- und Einkommensteuer.

Betrachtet man im Kartenbild zunächst die Situation im Jahre 1985, so zeigt sich eine sehr heterogene Verteilung der auf die Einwohnerzahl bezogenen Steuerkraft. Der Bogen der Einnahmekraft ist von 488,52 bis 1747,47 DM/Einw. nicht nur sehr weit gespannt, sondern auch sehr stark räumlich gestreut. Berücksichtigt man, daß in der Regel Gemeinden mit durchschnittlichem oder darüber liegendem Gewerbebesatz ihre Einnahmekraft vor allem auf die Gewerbesteuer stützen, so erklärt dies die bandartigen Strukturen finanzstarker Kommunen zwischen Neu-Ulm, Augsburg und München. Die Gegenüberstellung von kreisfreien Städten (z.B. Kempten, Memmingen Schweinfurt, Coburg, Landshut) mit meist weit überdurchschnittlicher Steuereinnahmekraft (Gruppe 5) und den einnahmeschwächeren Landkreisen darf nicht darüber hinwegtäuschen, daß innerhalb der Landkreise meist keine homogenen Verhältnisse vorzufinden sind, sondern überwiegend die Mittel- und Unterzentren auch den relativ finanzkräftigen Gebietskörperschaften zuzurechnen sind.

Da die Steuereinnahmekraft auch von den Lohn- und Einkommensverhältnissen der Bevölkerung (Wohnortprinzip) abhängig ist, spielen die Pendlerstrukturen bzw. der Suburbanisierungsprozeß insbesondere im Einzugsbereich der Verdichtungsräume München, Augsburg und Nürnberg-Fürth-Erlangen eine prägende Rolle. Herausragende Steuereinnnahmekraft außerhalb der höheren zentralen Orte sind meist durch den dominierenden Einfluß solitärer Großbetriebe (z.B. BMW in Dingolfing) zurückzuführen.

Obwohl die fünf dargestellten Einnahmegruppen eine relativ ausgewogene Anteilstreuung aufweisen, fällt doch deutlich auf, daß sich die schwächste Gruppe mit weniger als 700 DM/Einw. fast ausschließlich auf Ostbayern, teilweise auch auf die Rhön konzentriert. Trotz zunehmender Bedeutung im Fremdenverkehr werden auch künftig diese Räume am stärksten von Finanzzuweisungen abhängig bleiben.

Zwar besaßen die steuerschwachen Gebiete zwischen 1980 und 1985 durchaus auch mittlere Zuwachsraten bis 30%, aber von einem sehr niedrigen Nieveau ausgehend. Das relativ gut erkennbare West-Ost-Gefälle der Wirtschaft- und somit auch der Steuereinnahmekraft ist nicht nur bei dynamischer Betrachtung im Grenzlandbereich zur CSSR zu erkennen, sondern auch in Südbayern: die Zuwachsraten im Allgäu waren in der Regel deutlich höher als in den südlichen Landkreisen Oberbayerns. Neben der Bedeutung von Fremdenverkehr und hochspezialisierter Landwirtschaft ist die Gewerbeentwicklung in den schwäbischen Landkreisen wesentlich stärker verlaufen als südlich der Linie (Autobahn) München-Rosenheim-Freilassing.

Karte 30/31 zeigt auch die "Steuerkrise" zahlreicher Oberzentren sehr gut. So waren im Zeitraum 1980-85 in Augsburg, Nürnberg, Würzburg und Regensburg die Zuwächse unter 25%, ohne daß gleichzeitig eine Entlastung bei den oberzentralen Infrastrukturfunktionen stattgefunden hat. Von dieser Entwicklung haben die Umlandbereiche profitiert. Abwanderung einkommenskräftiger Bevölkerung aus den Kernstädten und meist durch Flächenengpässe verursachte Betriebsverlagerungen haben zu dieser Entwicklung beigetragen. Der Vergleich beider Karten zeigt bei Parallelität von hoher Einnahmekraft und hohen Zuwächsen die von wenigen Großunternehmen geprägten Städte bzw. Landkreise.

P. Gräf

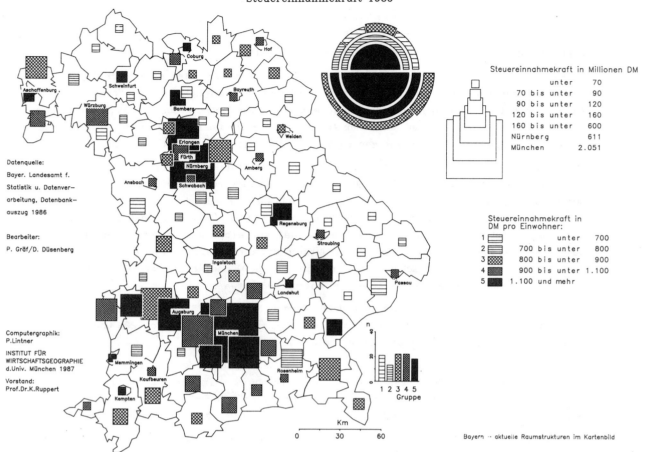

Karte 30
Steuereinnahmekraft 1985

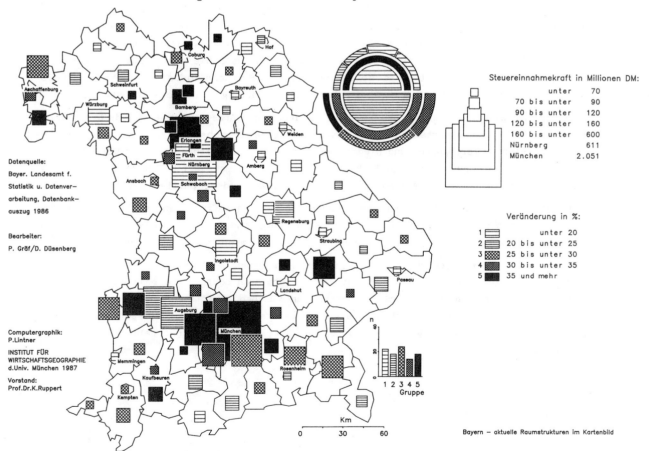

Karte 31
Veränderung der Steuereinnahmekraft pro Einwohner 1980 –1985

Karte 32: Erwerbsstruktur nach Wirtschaftssektoren 1983

Im Rahmen räumlicher Typisierungen nach sozioökonomischen Merkmalen spielt die Gliederung der erwerbstätigen Bevölkerung nach Wirtschafssektoren eine wichtige Rolle. Vor allem hohe Anteilswerte im tertiären Erwerbssektor vermitteln einen Eindruck des gesamtgesellschaftlichen Wandels von der flächengebundenen Agrargesellschaft über die standortorientierte Industriegesellschaft bis hin zur zentrenorientierten Dienstleistungsgesellschaft.

Aufgrund einer Gesamtrechnung verschiedener Bereichsstatistiken wurden 1983 4 824 000 Erwerbstätige am Arbeitsort in Bayern registriert. Davon waren 466 000 Personen (9,6%) in der Land- und Forstwirtschaft berufstätig, 2 029 000 (42%) im Produzierenden Gewerbe, 850 000 (17,6%) im Bereich Handel und Verkehr und 1 480 000 (30,6%) im Bereich der Dienstleistungen. Faßt man die beiden letzten Wirtschaftsbereiche wie in der Karte zusammen, dann kommt das Primat tertiärer Erwerbsstrukturen mit einem relativen Anteil von 48,2% zum Ausdruck. Das Verhältnis zwischen Selbständigen (837 000) und abhängigen Erwerbstätigen (3 987 000; Beamte, Angestellte, Arbeiter) betrug 1983 etwa 1 : 5.

Allein auf die beiden Städte München und Nürnberg entfallen 1983 1 073 000 Erwerbstätige. Dies entspricht einem Anteil an der bayerischen Erwerbsbevölkerung von 22% und verdeutlicht die überregionale Bedeutung dieser beiden Arbeitsmärkte.

Neben dieser Zentrenorientierung, die sich vielfach auch aus den intensiven Pendlerverflechtungen in den Verdichtungsräumen erklärt, erkennt man im Kartenbild ebenfalls eine Reihe von zahlenmäßig bedeutenden Arbeitsplatzstandorten außerhalb der großen Zentren. Als Beispiel seien die Landkreise Ansbach, Passau, Rosenheim und Traunstein genannt.

Die für die Karte vorgenommene Typisierung nach den drei Wirtschaftssektoren Land- und Forstwirtschaft, Industrie und Dienstleistungsgewerbe erlaubt eine Unterteilung der 96 Gebietseinheiten in vier Typen. Typ 1 symbolisiert jene Kreise, die immer noch sehr stark (50-70%) von industrieller Erwerbstätigkeit bestimmt sind. Neben den altindustrialisierten Gebieten in Oberfranken und der nördlichen Oberpfalz, dem im Einfluß des Rhein-Main Verdichtungsraumes liegenden Aschaffenburger Raum, dem Umland des Verdichtungsraumes Nürnberg-Fürth-Erlangen und Teilen im nördlichen Schwaben, charakterisieren lokale Branchenschwerpunkte diesen Gebietstyp. Dazu zählen z.B. die Stadt Schweinfurt (Kugellagerproduktion), die Stadt Ingolstadt (Automobilbau und petrochemische Industrie), der Landkreis Dingolfing-Landau (Automobilbau) und der Landkreis Altötting (chemische Industrie).

Im Gegensatz zu Typ 1 kennzeichnen im Typ 2 relativ viele Arbeitsplätze im primären Sektor (20-40%) die regionale Wirtschaftsstruktur. Gerade landwirtschaftliche Gunstgebiete wie die Gäubereiche Unterfrankens und Niederbayerns, die Spezialkulturgebiete um Würzburg oder der Hallertau bewirken einen relativ hohen Anteil landwirtschaftlich Erwerbstätiger. Dies gilt auch für das nördliche Allgäu, das Tertiärhügelland und Westmittelfranken.

Ohne eine deutliche gebietsbezogene Dominanz eines Sektors aufzuweisen, verkörpert der Typ 3 einen Mischtyp. Besonders häufig ist dieses räumliche Strukturmuster im nördlichen Umland von München, in einigen Alpenlandkreisen und im Bayerischen Wald anzutreffen.

Den Charakter unserer zentrenorientierten Dienstleistungsgesellschaft dokumentiert der Typ 4 mit einem Anteil von 50-75% Erwerbstätiger im tertiären Sektor. Die meisten kreisfreien Städte Bayerns, der südliche Verdichtungsraum um München, aber auch einige Landkreise im Fremdenverkehrsgebiet des Deutschen Alpenraumes belegen durch ihre Stuktur diese Tertiarisierung, wie sie sich im Typ 3 für die beiden letzten Gebiete strukturell offenbar schon andeutet.

R. Metz

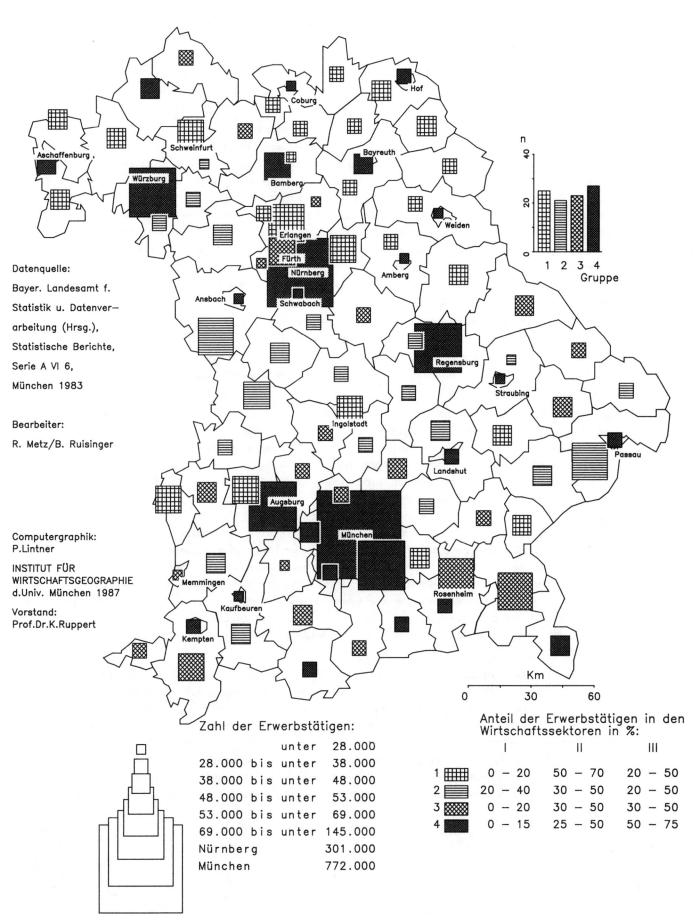

Karte 33: Veränderung der Zahl der Beschäftigten 1975-1985

Bei der Analyse von Arbeitsmarktfragen besitzt das Merkmal der sozialversicherungspflichtig Beschäftigten quantitativ die größte Bedeutung. Daneben spiegeln sich in der Veränderung der Bestandsgrößen, auch ohne Berücksichtigung jahreszeitlicher Schwankungen, sowohl prosperierende Arbeitsmärkte als auch wirtschaftsräumliche Problemgebiete wider.

Am Ende des Jahres 1985 stehen in Bayern 3 828 707 Personen in einem abhängigen Beschäftigungsverhältnis. Gemessen an der Gesamtzahl der Erwerbstätigen des Jahres 1983 üben somit rund 79% ihren Beruf als Angestellte und Arbeiter aus. Einen ersten Einblick in die Arbeitsmarktdynamik zwischen 1975 - 1985 gewährt der Vergleich mit dem Beschäftigungsstand von 1975. Da es u.a. aufgrund der damals großen Rezession "nur" 3 341 038 sozialversicherungspflichtig Beschäftigte gab, läßt sich bis 1985 ein Zuwachs von rund 488 000 Arbeitsplätzen für Angestellte und Arbeiter feststellen. Dieser entspricht einer relativen Veränderung von +14,5%. Dennoch reicht die Spannweite von Arbeitsplatzverlusten in der Stadt Schweinfurt mit 1 406 (-2,9%; beschäftigungswirksame Unternehmensinsolvenzen) bis hin zu Arbeitsplatzgewinnen im Landkreis Dingolfing-Landau in einer Höhe von 11 322 (+53,5%; Gründung des Zweigwerkes der Firma BMW).

Besonders die Oberzentren München, Nürnberg-Fürth-Erlangen, Augsburg, Würzburg und Regensburg verfügen 1985 über das größte Arbeitskräftepotential in der Gruppe der Angestellten und Arbeiter, wohingegen in mehr landwirtschaftlich geprägten Räumen wie z.B. Westmittelfranken oder im Bayerischen Wald diese Gruppen bei der erwerbstätigen Bevölkerung eher unterrepräsentiert sind.

Dieser kurze Hinweis auf lokale Größenverhältnisse kehrt sich in seinem Gewicht bei der Betrachtung der Daten aus der strukturräumlichen Typisierung um. Die geringsten positiven Veränderungsraten weisen mit Ausnahme von Nordostoberfranken (+5,0%) im Beobachtungszeitraum die kreisfreien Städte Nord- und Südbayerns mit 4,6% bzw. 7,6% auf. Dagegen expandieren, bedingt durch Verlagerung von Industrie- und Dienstleistungsunternehmen, besonders die Verdichtungsräume, darunter die in Südbayern mit +32,2% deutlich stärker als die in Nordbayern mit +18,8%. Relativ am stärksten verbessert sich die Beschäftigungssituation jedoch in Südostbayern mit +32,7%. Als ein Träger dieser Entwicklung ist besonders die Gründung eines Zweigwerkes der Firma BMW Anfang der 70er Jahre zu nennen. Daß es neben diesem herausragenden Ereignis weitere bedeutende unternehmerische Arbeitsplatzimpulse bzw. Gründungen oder Ansiedlungen gegeben hat (mitunter handelt es sich um neuangesiedelte oder erweiterte Zulieferbetriebe für die Automobilproduktion), belegen die Zuwachsraten in Ostbayern mit 26% oder aber auch in Mittel- und Nordschwaben und im Alpenraum mit 22,2% bzw. 21,8% gefolgt von Westmittelfranken und dem nördlichen Unterfranken mit 18,9% bzw. 15,5%.

Als wesentliches Ergebnis aus diesen unterschiedlichen Entwicklungen resultiert eine gewachsene Attraktivität südbayerischer Räume für privatwirtschaftliche Arbeitsplatzaktivitäten bei gleichzeitig verhältnismäßig geringen positiven Veränderungstendenzen in den nordbayerischen Teilräumen. Vor allem das Umland der Kernstädte und nicht diese selbst verzeichnen die höchste Dynamik in der Beschäftigtenentwicklung. Dagegen beeinträchtigen in der dargestellten Dekade nur die Stadt Schweinfurt und die Landkreise Hof und Wunsiedel die, bedingt u.a. durch das vorgegebene Basisjahr 1975, insgesamt überdurchschnittlich positive, bayerische Beschäftigungsbilanz. Diese Aussage würde auch einem Vergleich mit anderen Bundesländern standhalten.

R. Metz

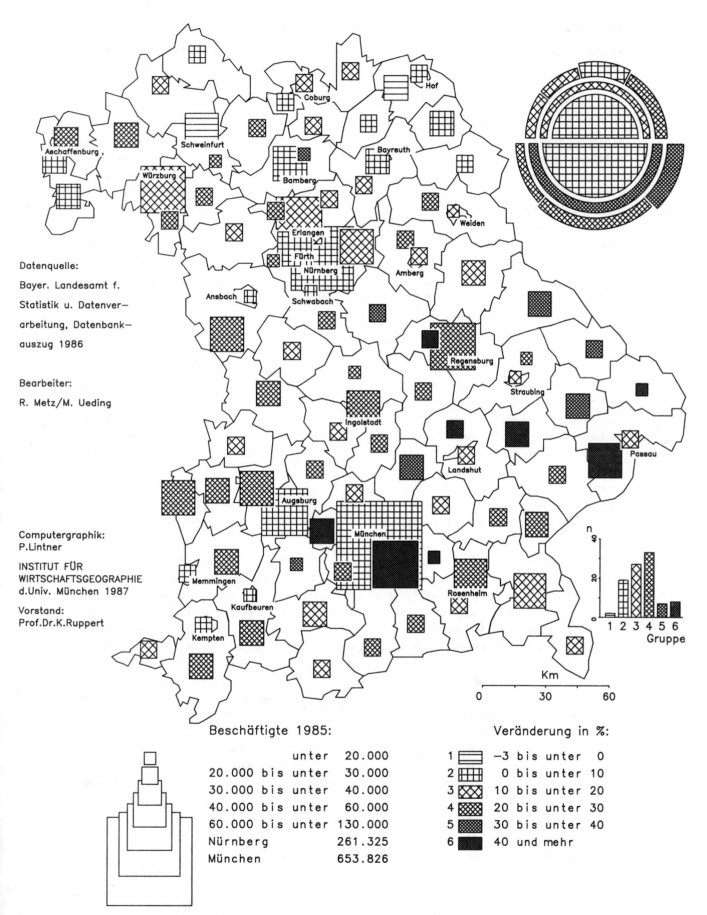

Karte 34/35: Veränderung der Beschäftigtenzahl im sekundären / tertiären Sektor 1975-1985

Während sich die Aussagen der Karte 33 hinsichtlich der Beschäftigungsverhältnisse auf quantitative Aspekte beschränken, liefern die sektoral getrennten Karten 34 und 35 erste Hinweise auf qualitative Komponenten regionaler Arbeitsmarktdynamik. Trotz der auch ersichtlichen, branchendifferenzierten Beschäftigungsschwerpunkte signalisieren vor allem sektorale Veränderungstendenzen regionalwirtschaftliche Entwicklungsperspektiven.

Bereits aus der Signaturgröße wird der sektorale Charakter einzelner Standorte, wie er teilweise schon in Karte 33 angesprochen wurde, deutlich erkennbar. Beispielsweise fällt die zahlenmäßig untergeordnete Bedeutung von Beschäftigten im sekundären Sektor im Vergleich zum tertiären Sektor in der Stadt München im Gegensatz zur Stadt Nürnberg auf. Ebenso sind gegensätzliche regionale und lokale Branchenkonzentrationen z.B. in den Städten Schweinfurt und Ingolstadt, dem Gebiet Nordostoberfrankens, dem Landkreis Dingolfing-Landau oder aber vielen kreisfreien Städten und einzelnen Alpenlandkreisen zu beobachten.

In Bayern wurden zwischen 1975 - 1985 rund 112 000 (+ 6,0%) Arbeitsplätze im sekundären Sektor geschaffen. Dabei ist allerdings das relativ niedrige Ausgangsniveau im Rezessionsjahr 1975 zu berücksichtigen. Ferner lassen sich extreme Entwicklungsstufen für die relative Veränderung konstatieren. Die Stadt Nürnberg liegt dabei mit -12,0% am unteren Ende, der Landkreis Dingolfing-Landau mit +58,2% am oberen Ende der Skala. Unter strukturräumlichen Gesichtspunkten sind besonders die kreisfreien Städte Nordbayerns (-6,1%) aber auch die Südbayerns (-1,9%) und Nordostoberfrankens (-1,3%) arbeitsmarktpolitisch als industrielle Problemgebiete anzusprechen. Als Gründe für diese räumlichen Strukturen sind u.a. neben zurückgehenden Industriezweigen (z.B. Textilindustrie) vor allem industriegewerbliche Suburbanisierungstendenzen zu nennen, wie sie besonders in den Verdichtungsräumen Südbayerns mit einer Zunahme der industriellen Arbeitsplätze von 17,9% zum Ausdruck kommen. Übertroffen wird diese sektorale Dynamik lediglich durch Südostbayern (+27,7%), bedingt durch den Sonderfall BMW, und Ostbayern (+18,1%). Allerdings resultieren die Zunahmen für die letztgenannten Gebiete auch aus einem besonders niedrigen Ausgangsniveau 1975 und können die Arbeitsmarktproblematik (anhaltender Rückgang landwirtschaftlicher Erwerbstätigkeit und große Schwierigkeiten im Baugewerbe), wie sie in Karte 36 sichtbar wird, nicht verdrängen.

Das Arbeitsplatzwachstum im sekundären Sektor konnte Bayern besonders durch die überproportionalen Arbeitsplatzgewinne von rund 365 000 (+25,3%) im tertiären Sektor noch erheblich steigern. Ebenfalls ist der Karte zu entnehmen, daß alle Kreise in den betrachteten 10 Jahren eine Zunahme an Arbeitsplätzen im tertiären Erwerbssektor aufweisen. Das Minimum registriert die Stadt Aschaffenburg mit 7,8% und das Maximum der Landkreis Passau mit 76,6%. Aus der strukturräumlichen Typisierung leitet sich die wachsende Bedeutung der Verdichtungsräume für Arbeitsplätze im tertiären Erwerbssektor ab. So steigen die Arbeitsplatzzahlen dieser Kategorie in Südbayern um 54,6% in Nordbayern um 48,9%. Sowohl Betriebsgründungen als auch betriebliche Verlagerungen aus den Kernstädten und anderen Räumen verursachen diese Arbeitsmarktdynamik. Die Problematik sinkender Arbeitsplatzattraktivität der Kernstädte im sekundären Erwerbssektor äußert sich auch in den geringsten Zuwachsraten im tertiären Erwerbssektor in den kreisfreien Städten Südbayerns und Nordbayerns mit 15,0% bzw. 15,9%. Auch in diesem Sektor sind die Räume Südostbayerns und Ostbayerns mit Zunahmen von 45,6% und 43,6% arbeitsplatzpolitisch zu den sehr dynamischen Gebieten zu zählen.

R. Metz

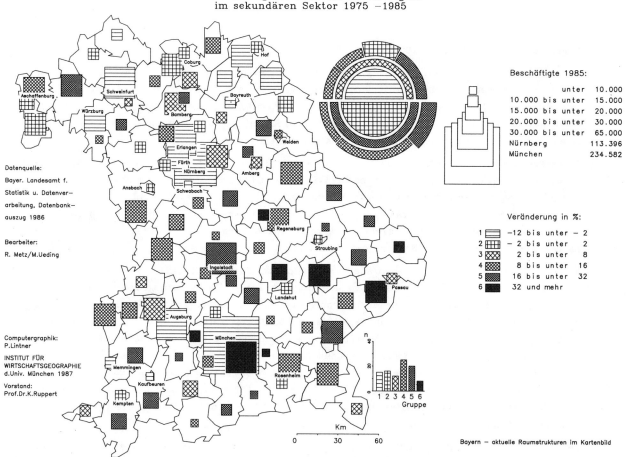

Karte 34
Veränderung der Zahl der Beschäftigten im sekundären Sektor 1975–1985

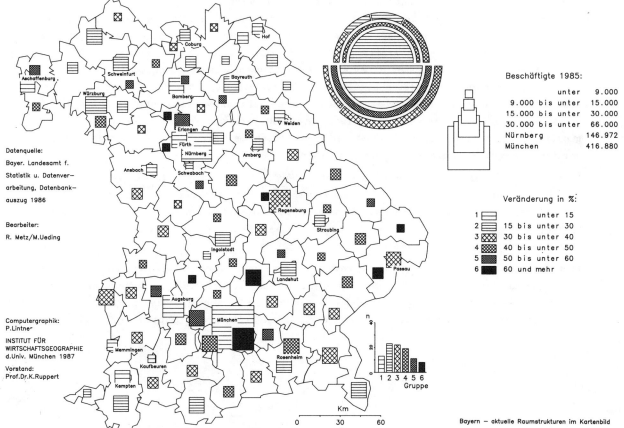

Karte 35
Veränderung der Zahl der Beschäftigten im tertiären Sektor 1975–1985

Karte 36: Arbeitslosigkeit 1984

Die Betrachtung arbeitsmarktrelevanter Themenbereiche wäre ohne eine strukturräumliche Skizzierung der Arbeitslosen besonders in Zeiten anhaltend hoher Arbeitslosigkeit unvollständig. In den Merkmalen "Arbeitslose" und "Arbeitslosenquote" bilden sich in Karte 36 nicht nur potentielle Nachfrager nach Arbeitsplätzen sondern auch im Verhältnis zu den Beschäftigtenzahlen problematische regionale Arbeitsmärkte ab.

In Bayern wurden Ende Oktober 1984 302 463 Arbeitslose registriert, die über die Arbeitsverwaltung nach einem abhängigen Beschäftigungsverhältnis suchten. Aus der wohnortbezogenen Erfassung der Arbeitslosen, die sich mitunter (z.B. Bayer. Wald) nicht mit dem früheren räumlichen Arbeitsplatzstandort bzw. -wunsch deckt und der Beziehung zu den abhängig Beschäftigtenzahlen errechnet sich die Arbeitslosenquote, die zu diesem Zeitpunkt im Landesarbeitsamtsbezirk Nordbayern bei 7,7% und in Südbayern bei 6,0% lag.

Anhand des Kartenbildes zeichnen sich im wesentlichen drei Strukturzonen ab. Nördlich einer Linie Schweinfurt-Nürnberg-Passau symbolisieren die Signaturgrößen relativ große Arbeitslosenzahlen, meist in einer Größenordnung über 2 000 Personen. Gleichzeitig liegt die Arbeitslosenquote fast ausnahmslos über 7%. Südlich dieser Linie erreichen viele Kreise kaum die Grenze von 2 000 Arbeitslosen mit Ausnahme einer Achse, die vom Landkreis Neu-Ulm über München zum Landkreis Traunstein reicht. Die meisten Kreise sind durch eine Arbeitslosenquote unter 7% gekennzeichnet. Mit 991 Arbeitslosen hat die Stadt Schwabach die wenigsten Arbeitslosen, die Stadt München mit 38 133 Arbeitslosen die meisten. Bezüglich der Arbeitslosenquote schneidet der Landkreis Cham mit 14,9% am schlechtesten, der Landkreis Starnberg mit 3,6% am besten ab.

Bei der kleinräumlichen Polarisierung der Qualität von Arbeitsmärkten ragen in negativer Hinsicht besonders der Bayerische Wald und die Oberpfalz heraus mit durchschnittlichen Arbeitslosenquoten von mehr als 11%. In diesen Räumen wirken sich der Rückgang der landwirtschaftlichen Erwerbstätigkeit, überproportional vorhandene Eintrittswünsche in die Berufstätigkeit, absolute Arbeitsplatzabbaumaßnahmen durch Schließung und Rationalisierung von Betrieben (Baugewerbe) trotz existierender relativer Beschäftigungsimpulse (vgl. Karten 33, 34 und 35) immer noch nachhaltig auf die Arbeitsmarktsituation aus. Nur tendenziell besser lassen sich die Arbeitsmarktverhältnisse in Oberfranken und im nordbayerischen Zonenrandgebiet schildern. Obwohl die Arbeitslosenquoten, bedingt durch den Niedergang traditioneller Wirtschaftszweige (Textil, Porzellan etc.) mit 7 - 11% etwas kleiner ausfallen, gestaltet sich das Arbeitsmarktgeschehen aufgrund weitaus geringerer Beschäftigungsakzente in ähnlich schwieriger Weise. Für nordbayerische Verhältnisse noch relativ günstig spiegelt sich der Arbeitsmarkt in den Kreisen um Aschaffenburg, Würzburg und dem Verdichtungsraum Nürnberg-Fürth-Erlangen wider.

Beim Vergleich der beiden großen bayerischen Verdichtungsräume fällt die gesamte Region München in sehr positiver Hinsicht mit extrem niedrigen Arbeitslosenquoten auf. Diese vergleichbar gute Arbeitsmarktqualität belegen auch die geringen Werte vieler Alpenlandkreise, in denen eine funktionierende Landwirtschaft und der Fremdenverkehr die relativ günstige Arbeitsmarktlage sichern.

Bezüglich der Arbeitslosigkeit ist in Bayern eine markante Zweiteilung zwischen Norden und Süden vor dem Hintergrund der Beschäftigtenentwicklung zu beachten. In Südbayern sind nur wenige Kreise (z.B. Stadt Augsburg, Rosenheim oder der Landkreis Traunstein) wertemäßig und damit auch ansatzweise qualitativ mit der nordbayerischen Situation gleichzusetzen.

R. Metz

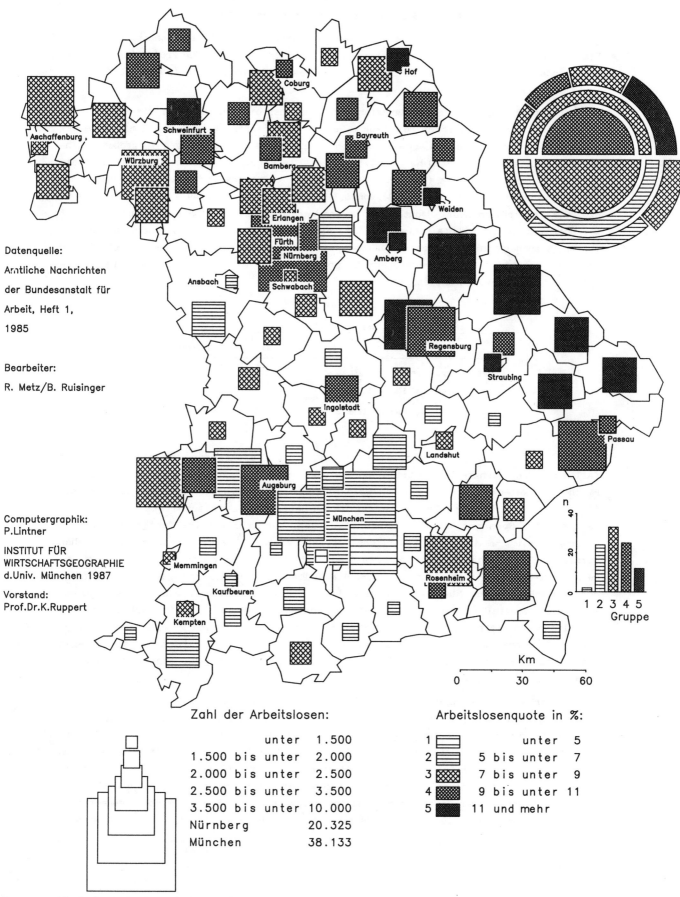

Karte 37: Landwirtschaftliche Betriebe mit 20 und mehr ha LF 1985

Land- und Forstwirtschaft gestalten auf weiten Strecken die Kulturlandschaft. Trotz aller Flächenabgaben an die Bereiche Siedlung, Verkehr, neuerdings auch für Freizeitaktivitäten, bewirtschaftet der primäre Sektor immer noch 89% der Fläche Bayerns (1910: 4,3 Mill. ha, 1985: 3,4 Mill. ha).

Der wichtigste Baustein unserer Agrarlandschaft ist der einzelne Betrieb. Die Struktur der 244.663 landwirtschaftlichen Betriebe (1985), vorherrschend kleinere und mittlere Betriebsgrößen, ist in den vergangenen Jahren durch starke Verschiebungen zu größeren Einheiten gebietsweise über 30 ha geprägt worden. Die Betriebsaufgaben haben sich in den letzten Jahren verlangsamt (1984 u. 1985 ca. 1%). Die Entwicklung spiegelt das Anwachsen der durchschnittlichen Betriebsgröße von 8,7 ha auf 14,0 ha von 1949 - 1985. Über 20,9 ha bzw. 6,7 ha verfügen heute Haupt- bzw. Nebenerwerbsbetriebe. Bei Betrieben über 20 ha LF war über mehrere Jahrzehnte hinweg bis 1983 ein Flächenwachstum zu beobachten. Der Anteil von 23,1% an der Zahl und 53,3% der LF verweist auf die hohe Bedeutung dieser Größenklasse für die bayerische Agrarstruktur. Nur knapp 10% der LF wird von Betrieben über 50 ha (ungefähr 1,7%) bewirtschaftet.

Betriebsgrößen der Landwirtschaftlichen Betriebe ab 1 ha LF

Jahr	\multicolumn{6}{c}{Zahl der Betriebe mit einer Betriebsgröße von... bis unter... ha LF}					
	1 - 5	5 - 10	10 - 20	20 - 25	25 - 30	30 u.m.	insges.
1949	180 485	133 588	89 910	22 815		11 794	438 592
1965	116 828	106 892	102 164	24 895		11 288	362 067
1971	94 515	83 731	97 537	20 409	10 281	13 256	319 729
1981	72 209	60 329	75 776	21 282	13 161	20 407	263 164
1985	63 217	54 806	70 179	20 880	13 332	22 249	244 663

Quelle: BStELF, Agrarbericht 1986, S. 28

Karte 37 zeigt deutliche Muster einer regionalen Differenzierung. Besonders ins Auge fallen die Schwerpunkte kleinbetrieblicher Strukturen in Spessart und Rhön, im mittelfränkischen Keuperbecken, im Bayerischen Wald sowie im Berchtesgadener Land und im Landkreis Lindau. Zieht man zum Vergleich die von diesen Betrieben bewirtschaftete Fläche heran, dann muß für Spessart und Rhön beachtet werden, daß hier infolge fortgeschrittener Umstrukturierung wenige mittelbäuerliche Betriebe große Teile der landwirtschaftlichen Nutzfläche bewirtschaften. Andererseits sind weite Teile Oberbayerns und Nordostoberfrankens von größeren Betrieben geprägt, z.B. die südbayerischen Ackerbaugebiete, besonders der Verdichtungsraum München, der sich damit deutlich vom Raum Nürnberg unterscheidet. Während der Spezialkulturanbau im mittelfränkischen Stadt-Umland traditionelle kleinbetriebliche Agrarstrukturen stabilisierte, fand im Kern der Region München eine ständige Betriebsvergrößerung statt. Berchtesgadener Land und Bayerischer Wald verweisen dagegen auf die nach wie vor große Bedeutung der Kombination von Land- bzw. Forstwirtschaft mit zusätzlichen Einkommensmöglichkeiten.

In der Verteilung der Signaturen werden auch Möglichkeiten und Fehlen der Konkurrenz außerlandwirtschaftlicher Arbeitsplätze sichtbar. Bis zu einem gewissen Grad spiegeln sich neben der Bedeutung der kleinstrukturierten Spezialkulturgebiete (Unterfranken, Hallertau, fränkisches Keuperbecken) immer noch die Einflüsse unterschiedlicher Erbsitten wider, auch wenn diese historischen Leitlinien heute nicht mehr so konsequent weiterwirken. Die agrarstrukturelle Ausgangssituation, der sozialökonomische Entwicklungsstand, Erbgewohnheiten, Lage zu den städtischen Zentren u.a. sind für die Dynamik des Strukturwandels bedeutsamer als die nicht zu vernachlässigende physisch-geographische Ausstattung.

K. Ruppert

Karte 37
Landwirtschaftliche Betriebe mit 20 und mehr ha LF 1985

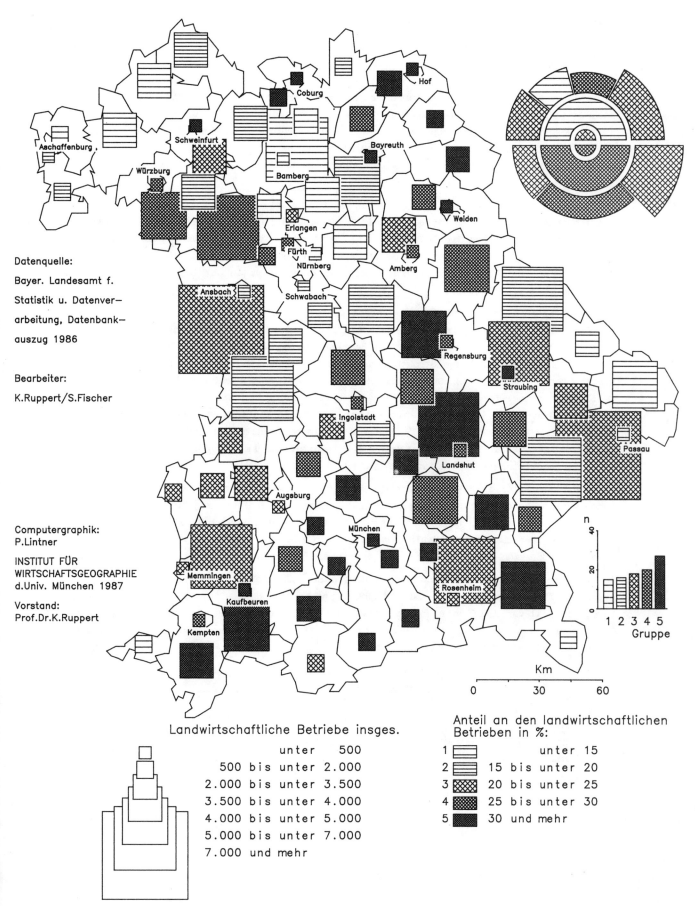

Bayern – aktuelle Raumstrukturen im Kartenbild

Karte 38: Landwirtschaftliche Pachtfläche (ha) pro Betrieb 1979

Die Entwicklung der Besitzverhältnisse landwirtschaftlicher Betriebe wurde auch in Bayern immer stärker durch Pachtflächen beeinflußt. Die Gründe, die zur Pacht landwirtschaftlich nutzbarer Flächen führen, sind außerordentlich vielschichtig. Arrondierungsabsichten, verbesserte technische Betriebsausstattung, Arbeitskräftemangel, kurzfristig nutzbares Bauerwartungsland, Betriebsaufgaben in Verbindung mit attraktiven außerlandwirtschaftlichen Erwerbsmöglichkeiten tragen zum Pachtflächenangebot bei. Dieser Entwicklung kommt geradezu ein Indikatorcharakter für die Ausbreitung des Urbanisierungsprozesses zu. Solange Eigentumsdenken oder die soziale Sicherheit an Landbesitz gebunden sind, werden die Nutzflächen häufig nicht verkauft, sondern verpachtet.

In Bayern befinden sich von der gesamten LF (3,4 Mill. ha) etwa 3/4 im Eigentum der Betriebsinhaber. Die Pachtfläche hatte 1985 821.600 ha (24,2% LF) erreicht. Beigefügte Tabelle belegt, daß sich die Pachtflächen gegenüber der ersten Nachkriegszeit mehr als verdoppelt, bezüglich des einzelnen Betriebs sogar mehr als verdreifacht haben (Anteil der Größenklassen 30-50 ha: 29,6%; über 50 ha: 40,9% der LF). In der BRD betrug 1983 die Pachtfläche bereits 32,9%.

Hohe Pachtflächenanteile pro Betrieb werden in Kernstädten, im stark urbanisierten Münchner Raum, im industrialisierten Nord-Ost-Oberfranken sowie in Unterfranken registriert. Diese regionale Verteilung läßt mehrere Bestimmungsmomente erkennen. Pachtflächen treten häufiger in Gebieten starken Strukturwandels auf, im stärker industrialisierten Nordost-Oberfranken bei ungünstigen natürlichen Produktionsbedingungen und innerhalb der Kerne und Leitlinien urbaner Innovationen. 1979 waren in der Stadt München 36,3%, in Coburg 43,6%, in Aschaffenburg 54,6% und in zentrennahen, städtisch beeinflußten Landkreisen wie z.B. Aschaffenburg 41,7%, Miltenberg 35,1% als Pachtflächen genutzt. Niedrige Quoten sind für die niederbayerischen Kreise (z.B. Regen 8,4%, Rottal-Inn 11,5%), d.h. für Gebiete geringer außerlandwirtschaftlicher Dynamik typisch.

Allgemein läßt sich in Bayern in der Nachkriegszeit ein Fortschreiten der Pachtflächenzunahme von Nordwesten nach Südosten und von dem Kern der Verdichtungsgebiete nach außen im Sinne eines zentral-peripheren Gefälles beobachten. Mit zunehmender Verstädterung kann die Pachtfläche aber auch stark rückläufig sein, wenn z.B. die Siedlungs- und Verkehrsflächen anwachsen oder eine Trennung ehemaliger Betriebsinhaber von ihrem Landeigentum erfolgt.

Auf das große Interesse an Pachtflächen deuten seit Jahrzehnten ständig steigende Pachtpreise (1971-1985 von DM 198,-- auf DM 399,-- pro ha LF). Über 800,-- DM pro ha werden in Bayern derzeit von 7.600 Betrieben bezahlt, Beträge, die mit der tatsächlichen Ertragsleistung z.T. nur schwer in Einklang zu bringen sind. Erst in den beiden letzten Jahren ist eine gewisse Beruhigung zu beobachten.

K. Ruppert

Pachtfläche (Betriebe ab 1 ha LF)			
Jahr	Pachtfläche in ha	je zupachtenden Betrieb	Pachtfläche in % der von den Betrieben bewirtschafteten LF
1949	349 100	1,7	9,0
1960	449 300	2,1	12,0
1971	592 300	3,5	16,5
1977	655 700	4,7	18,7
1979	688 900	5,1	19,9
1981	727 400	5,5	21,2
1983	785 900	5,7	22,9
1985	821 600	6,0	24,2

Karte 38
Landwirtschaftliche Pachtfläche (ha) pro Betrieb 1979

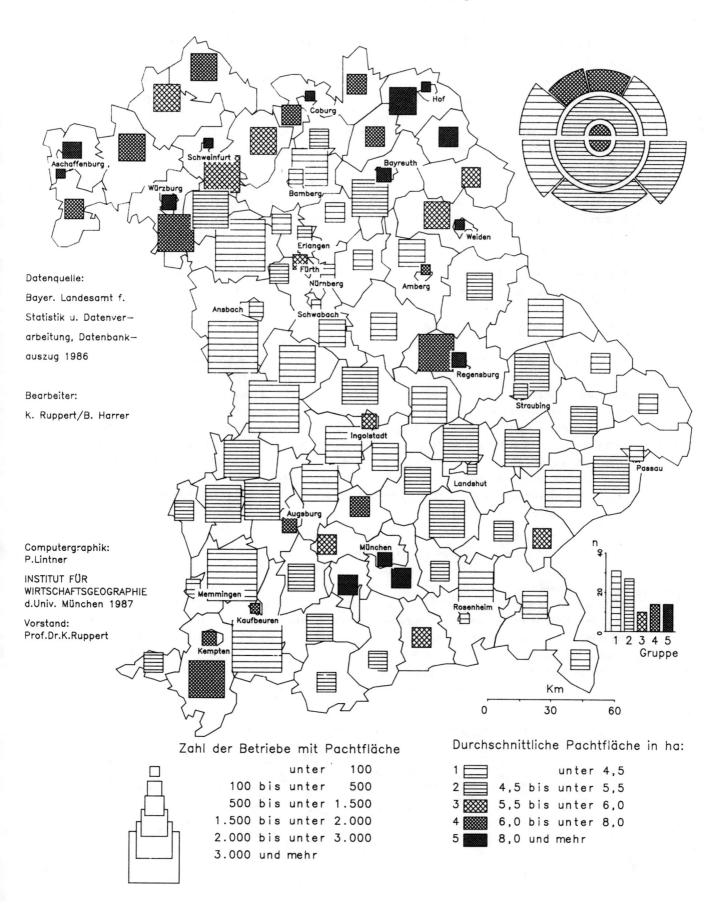

Bayern – aktuelle Raumstrukturen im Kartenbild

Karte 39: Landwirtschaftliche Betriebe mit überwiegend außerbetrieblichem Einkommen 1983

Der ständige Anpassungsprozeß der Landwirtschaft an die veränderten Lebensbedingungen und die Anhebung des realen Einkommensniveaus hat außerlandwirtschaftliche Erwerbsmöglichkeiten immer wichtiger werden lassen. Schon vor Jahrzehnten war die Betriebsgröße nur in erster Näherung ein Maß für die ökonomische Bewertung. Formen der Einkommenskombination sichern häufig erst die Existenz. Aus diesen Überlegungen heraus lag es auf der Hand, der Betriebsgrößengliederung eine sozialökonomische gegenüber zu stellen. Die Agrarstatistik liefert dazu recht einfach gegliederte Daten, die sich am außerbetrieblichen Einkommen orientieren. Als drei unterschiedliche Typen werden Betriebe ohne außerbetriebliches Einkommen erfaßt, und solche, bei denen dieses kleiner bzw. größer als das betriebliche Einkommen ist. Die Betriebe mit überwiegendem außerbetrieblichen Einkommen werden zumeist als Nebenerwerbsbetriebe (NE), die anderen Gruppen als Haupterwerbsbetriebe (HE) bezeichnet.

Innerhalb Bayerns ist das Nebeneinander von Haupt- und Nebenerwerb ein Charakteristikum des Agrarraumes. Nach der Agrarberichterstattung 1985 waren beide Gruppen nahezu gleich stark besetzt: 122.450 HE und 121.979 NE (klassifizierbare Betriebe in der Hand natürlicher Personen über 1 ha). Die große Anzahl der Nebenerwerbsbetriebe verweist gleichzeitig auch auf ihre Bedeutung für die Gestaltung der Kulturlandschaft, wenngleich immer noch 3/4 der LF und 4/5 des Rinderbestandes von HE genutzt werden. Die bayerische Agrarpolitik zielte schon frühzeitig auf die heute stärker ökologisch motivierte Forderung der Erhaltung der Vielgliedrigkeit unserer Agrarlandschaft. Bereits im Landwirtschaftsförderungsgesetz 1970 wurden Pflege und Erhaltung der Kulturlandschaft durch die Landwirtschaft als Rechtsgrundlage fixiert. Durch NE werden vorwiegend Spessart und Rhön, der Raum Bamberg, Teile des Fränkischen Jura sowie Bayerischer Wald geprägt. Spitzenwerte nach Fläche und Anzahl NE werden 1983 z.B. in den Lkr. Forchheim 49,5%/74,7%, Bamberg 47,4%/70,3%, Bad Kissingen 47,1%/79,6%, Freyung-Grafenau 44,3%/72,4% und Aschaffenburg 42,5%/82,1% erreicht. Der nordbayerische Raum wird in seiner Agrarstruktur wesentlich stärker durch Nebenerwerbsbetriebe gekennzeichnet.

Aber auch im Alpenraum ist die Einkommenskombination von hoher Bedeutung. Dies kommt in der Karte nicht so klar zum Ausdruck (Ausnahme: Lkr. Garmisch-Partenkirchen 69% NE), da die meisten Landkreise weit in das Alpenvorland hinausreichen und die dortigen HE den Durchschnittswert stark bestimmen. Traditionelle Formen der außerlandwirtschaftlichen Tätigkeit hatten in Mittel- und Hochgebirge, oft gemeinsam mit forstwirtschaftlicher, aber auch industriegewerblicher oder tertiärer Nebentätigkeit zur Persistenz kleinbetrieblicher Existenzformen beigetragen. So besitzen z.B. in der Gemeinde Marktschellenberg (Berchtesgadener Land) oder Mittenwald (Werdenfelser Land) über 90% der landwirtschaftlichen Betriebe überwiegend außerbetriebliches Einkommen. Die einkommensmäßige Verflechtung der Landwirtschaft mit anderen Wirtschaftsbereichen wird auch in Zukunft an Bedeutung gewinnen.

K. Ruppert

Sozialökonomische Betriebstypen in Bayern

Jahr	Betriebe[1] zusammen Zahl (= 100%)	davon Haupterwerbsbetr.[2] Zahl	in %	Nebenerwerbsbetr.[3] Zahl	in %
1971	323 995	188 734	58,3	135 261	41,7
1974	307 761	162 202	52,7	145 559	47,3
1977	294 643	151 736	51,5	142 907*	48,5*
1979	272 615	143 895	52,8	128 720*	47,2*
1981	257 487	133 265	51,8	124 223	48,2
1983	253 042	128 316	50,7	124 726	49,3
1985	244 429	122 450	50,1	121 979	49,9

Quelle: BStELF, Agrarbericht 1986, S. 40

[1] Klassifizierbare Betriebe, deren Inhaber natürliche Personen sind ab 1 ha LF und Betriebe unter 1 ha mit einer Marktproduktion im Wert von 1 ha LF einschl. Garten- u. Weinbau (Agrarberichterstattungsgesetz)
[2] Betriebe, in denen das betriebliche Einkommen größer ist als das außerbetriebliche Einkommen einschl. Betriebe ohne außerbetriebliche Einkommen - Selbsteinschätzung
[3] Betriebe, in denen das betriebliche Einkommen kleiner ist als das außerbetriebliche Einkommen
* Anpassung des Darstellungsbereichs "landwirtschaftliche Betriebe" in der Repräsentativ- und Totalerhebung: Rund 8 700 kleinere betriebliche Einheiten wurden 1979 - im Gegensatz zu früheren Jahren - den Forstbetrieben zugeordnet

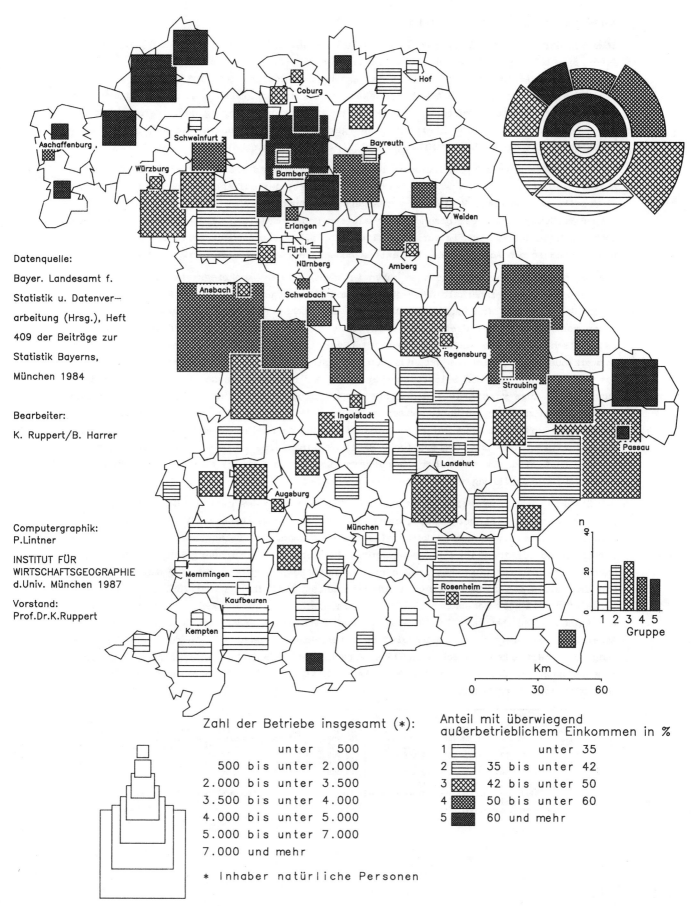

Karte 40/41: Ackerflächenanteil 1983

Etwa 60% der LF werden in Bayern ackerbaulich, knapp 2/5 als Dauergrünland genutzt. Der Ackerlandanteil gilt als wichtiger Indikator für die Agrarstruktur wie auch für die Physiognomie der Agrarlandschaft. Er ist das Ergebnis zahlreicher Einflußfaktoren, von denen neben den natürlichen Standortverhältnissen auch sozioökonomische Einflußfaktoren wie Arbeitsmarkt, Betriebsstrukturen, Mechanisierung, Marktorientierung usw., ferner agrarpolitische, auch ökologische Zielstellungen genannt werden müssen. Das Acker-Grünland-Verhältnis gibt darüberhinaus Hinweise auf die Produktionsverhältnisse eines Gebietes.

Der Ackerflächenanteil ist keineswegs langfristig stabil und als Strukturbild prozessualer Abläufe zu betrachten. Der starke Sortierungseffekt, der auf Anhieb ins Auge fällt, ist einerseits auf den seit Mitte des vergangenen Jahrhunderts abgelaufenen Vergrünlandungsprozeß zurückzuführen, der besonders im alpinen und randalpinen Bereich sowie in Ansätzen auch im Mittelgebirge häufig zur Monokultur führte, während andererseits der Spezialisierungsprozeß in den Ackerbaugebieten extrem hohe Ackerlandquoten zur Folge hatte.

Die gegenläufigen Nutzungstendenzen haben in Bayern in der Nachkriegszeit zu einer stärkeren Einheitlichkeit innerhalb der Ackerbau- und Grünlandgebiete geführt. Die Übergangssäume im Grenzbereich sind häufig geschrumpft, der Wechsel augenfälliger geworden, z.B. im Süden von München oder Grenze Gäu - Bayerischer Wald. Im Zuge der Modernisierung der Landwirtschaft ist die Wechselwirtschaft (Egart) weitgehend verschwunden. Der von der Schweiz ausgehende, sich im wesentlichen Südwesten her ausdehnende Vergrünlandungsprozeß hat infolge Auflösung des Selbstversorgerstatus der Betriebe, besserer Verkehrserschliessung und im Zuge verstärkter Nachfrage nach Produkten der Rinderhaltung im Süden zur totalen Vergrünlandung geführt. Zwischen 1979 und 1983 zeigen nur noch die ostbayerischen Randgebiete von Passau bis Hof eine Zunahme des Dauergrünlandes (z.T. über 4%), während andererseits mittel- und nordbayerische Bereiche durch eine Zunahme des Ackerlandes gekennzeichnet sind. Im östlichen Oberbayern (Landkreis Erding) muß die Ausdehnung des Maisanbaus zur Erklärung mit herangezogen werden.

Das Struktursymbol verweist nicht nur auf die Bedeutung des natürlichen Potentials im Alpenraum, sondern erinnert daran, daß Kerne und Umlandbereiche von Verdichtungsräumen häufig durch besonders hohe Ackeranteile hervorstechen. Als Beleg lassen sich die Werte der Kernstädte Ingolstadt 80%, Regensburg 92%, Coburg 80%, Nürnberg 81%, Würzburg 82%, München 81% anführen (Ausnahme im Süden: Rosenheim 20%, Kempten 0,5%). Für den unmittelbaren Umlandbereich sind folgende Landkreisquoten typisch: Dachau 78%, Landshut 82%, Schweinfurt 91% aber Rosenheim 19%. Untersuchungen in Südbayern zeigten, daß Kernstädte wie Augsburg, München oder Ulm/Neu-Ulm geradezu von einem Kranz von Gemeinden mit hohem Ackerlandanteil umgeben sind. Die größten Unterschiede erkennt man in der Gegenüberstellung von Unterfranken und Schwaben (Lkr. Würzburg 94%, Oberallgäu 0,08%). Eine geographische Betrachtung der bayerischen Agrarlandschaft kann auf diesen raumdifferenzierenden Indikator nicht verzichten.

K. Ruppert

Jahr	A	B	C	D	E
1950	7 023 790	3 940 700	2 186 300	1 680 000	2 264 700
1960	7 054 850	3 966 700	2 180 500	1 703 900	2 281 800
1970**	7 054 690	3 747 300	2 104 000	1 568 500	2 307 800
1979	7 054 630	3 538 800	2 099 900	1 408 900	2 284 900
1983	7 055 250	3 476 400	2 089 400	1 359 100	2 279 800
1985	7 055 290	3 455 700	2 085 400	1 343 300	2 280 600

A=Gebietsfläche Bayern
B=Landw. genutzte Fläche (LF)*
C=Ackerfläche D=Dauergrünland
E=Waldflächen, Forstungen, Holzungen

**bis 1969 als landw. Nutzfläche (LN)
*seit 1979 sind durch Erhebungsänderungen alle landw. und forstw. Flächen mit früheren Jahren nur bedingt vergleichbar
Quelle: BStELF, Agrarbericht 1986, S. 28

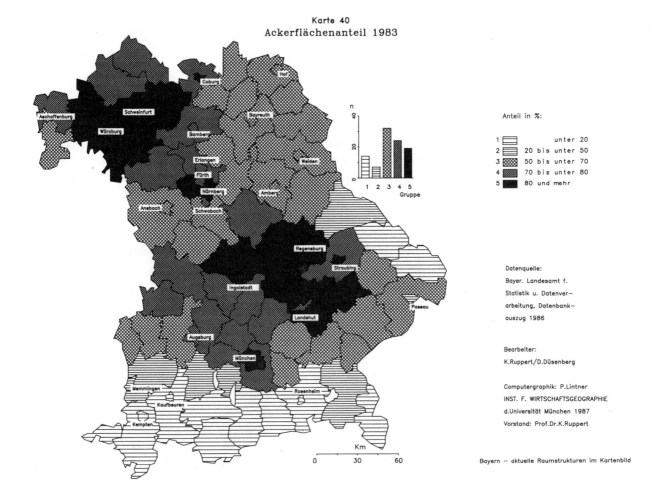

Karte 40
Ackerflächenanteil 1983

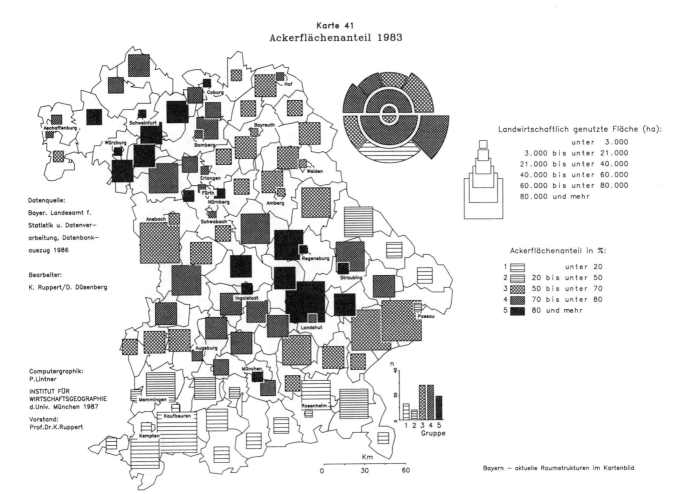

Karte 41
Ackerflächenanteil 1983

Karte 42: Rinderhaltung 1984

Neben sozialökonomischer Struktur und Bodennutzung ist die Verwertungskomponente für die Charakterisierung der Betriebssituation sehr aussagefähig. Allerdings kann man heute nicht mehr wie früher von einer engen Korrelation von Nutzung und Verwertung ausgehen. Die Veredelungswirtschaft, speziell die Viehwirtschaft spielt für die bäuerliche Agrarstruktur eine wichtige Rolle. Ihr Einfluß kann keineswegs nur auf reine Grünlandgebiete beschränkt werden.

Rund 60% der Gesamteinnahmen der Landwirtschaft werden in Bayern allein der Rinderhaltung zugerechnet, die sich in den letzten Jahren stark entwickelte. Natürliche Standortverhältnisse und bäuerliche Betriebsstrukturen waren neben den agrarpolitischen Rahmenbedingungen die Voraussetzung. Die am 2.4.1984 in Kraft getretene EG-Garantiemengenregelung bei Milch und der Preisverfall bei Rindfleisch betrafen viele Betriebe.

Mit dem kontinuierlichen Anwachsen des Rinderbestandes von 3,862 Mill. (1960) auf 5,22 Mill. (1985) vollzog sich gleichzeitig eine Konzentration der Bestände durch eine starke Abnahme der Zahl der Rinderhalter (1960-1985: von 371.000 auf 169.000), ein beträchtliches Anwachsen der durchschnittlichen Bestandsgröße von 10,4 auf 30,9 Rinder und eine räumliche Verlagerungstendenz. Karte 42 ist daher nur als Durchgangsstation eines Prozesses anzusprechen. Sie vermittelt eine Vorstellung von den regionalen Schwerpunkten der Rinderhaltung, gleichzeitig auch von der - unter ökologischen Aspekten wichtigen - Rinderdichte. Deutlich fallen als Schwerpunkt das nördliche Allgäu, ferner Silomaisgebiete des östlichen Oberbayerns auf. In Teilen des ostbayerischen Grenzgebirges konnte man bis in die letzten Jahre eine Aufstockungstendenz beobachten, umgekehrte Verhältnisse in Unterfranken. Relativ geringe Dichtewerte gelten auch in den Ballungsräumen München und Nürnberg. Eine kleinräumigere Betrachtung würde hier zusätzliche Hinweise auf die regionalen Unterschiede gerade in Großstadtnähe erbringen, für den äußersten Süden Bayerns ließe sich noch deutlicher nachweisen, daß die Rinderhaltung ihren Schwerpunkt nicht im Hochgebirge, sondern im Alpenvorland hat. Zwar verfügt Bayern über einen Grünlandanteil, der in beträchtlichen Höhenlagen bei kurzer Vegetationszeit nur saisonal viehwirtschaftlich genutzt werden kann, die dort existierende Form der Almwirtschaft bezieht aber einen beträchtlichen Teil des gesömmerten Viehs aus dem Alpenvorland.

Im Vergleich zur Bundesrepublik Deutschland liegt der Durchschnitt der Bestandsgrößen niedriger. Nur wenige Viehhalter überschreiten den unter ökologischen Gesichtspunkten kritischen Dichtewert von drei Dungeinheiten pro ha LF und davon entfallen nur etwa 1/4 auf rinderhaltende Betriebe. Bei dieser kleinen Gruppe spielt zudem weniger die Massentierhaltung als die ungenügende Flächenausstattung eine ausschlaggebende Rolle.

K. Ruppert

Rinderhaltung in Bayern							
Jahr	A	B	C	D	E(1)	E(2)	
a) Rinder insg.							A=Rinderbestand in 1000
1960	3 862	30,0	371	29,5	10,4	10,3	B=Anteil am Bund i.v.H.
1970	4 323	30,8	278	33,0	15,5	16,6	C=Rinderhalter in 1000
1980	4 942	32,8	194	36,7	25,5	28,5	D=Anteil am Bund i.v.H.
1985	5 220	33,4	169	38,0	30,9	35,2	E=Durchschnittsbestand
b) Milchkühe							(1) Bayern (2) Bund
1960	1 840	31,7	373	29,9[1]	4,8	4,5[1]	
1970	1 927	34,7	266	35,1	7,2	7,3	[1] 1959
1980	1 986	36,3	175	40,7[2]	11,3	12,7[2]	[2] = vorläufig
1985	2 013	36,9	148	42,6[2]	13,6	15,7[2]	

Quelle: BStELF, Agrarbericht 1986, S. 97

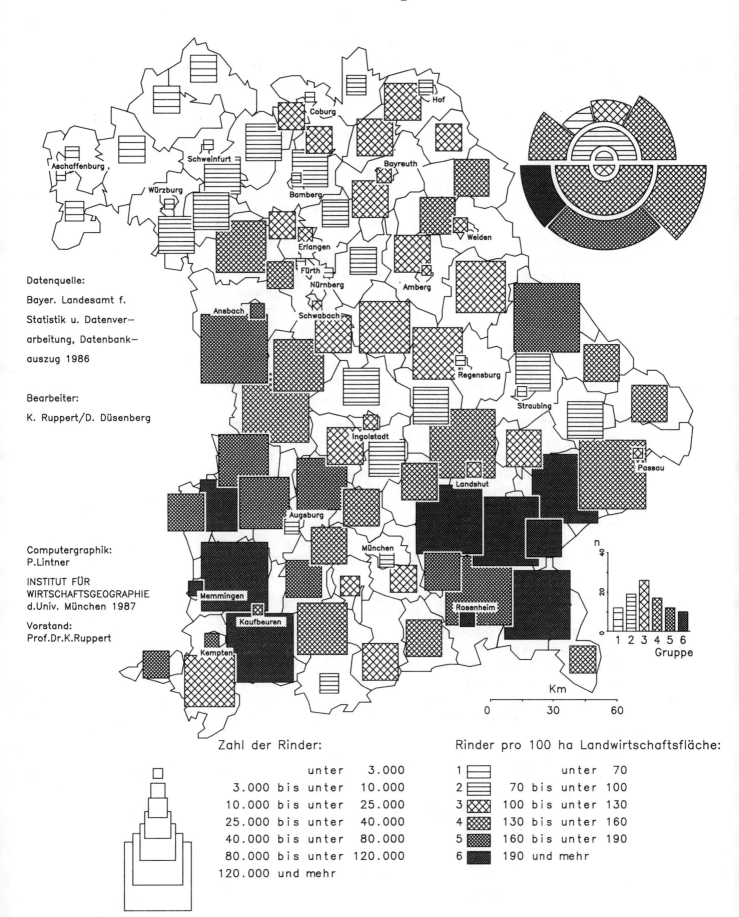

Karte 43/44: Milchkuhhaltung 1983 und Entwicklung 1979 - 1983

Die Bedeutung der Nutzviehhaltung als Produktions- und Einkommensfaktor der landwirtschaftlichen Betriebe dokumentiert sich im Bestand und in der Entwicklung der Milchviehhaltung. Zum gegenwärtigen Zeitpunkt sollte allerdings berücksichtigt werden, daß infolge agrarpolitischer Maßnahmen seit 1984 eine "Trendwende" eingetreten ist. Bisher steht nur eine Stichprobenerhebung der Viehzählung 1985 zur Verfügung, die nicht regional aufgegliedert werden kann. Doch auch diese Erfassung der Nutzviehbestände verweist schon darauf, daß die seit 1984 leicht rückläufigen Milchkuhzahlen sich vom Maximum 1983 (2,048 Mill.) bisher erst wenig entfernt haben (1985: 2,013 Mill.).

Stärker zurückgegangen sind dagegen die Zahlen der Milchviehhalter. Allein 1985 gaben 4,8% diesen Zweig der Veredelungswirtschaft auf, rund 148.000 sind 1985 gegenüber 373.000 im Jahr 1949 übriggeblieben. Ihre Zahl hat sich schneller reduziert als die aller Rinderhalter. Eine besondere Erwähnung verdient hier die Tatsache, daß rund 36% der Milchviehbetriebe im Nebenerwerb geführt werden, wobei der Anteil an Tierbestand (17%) erwartungsgemäß niedriger ist. Vor allem die NE unter 5 ha LF (Durchschnittsbestand 6,4 Milchkühe) haben die Viehhaltung aufgegeben. In den HE wo der entsprechende Wert bei 17 liegt, hat sich die Zahl der Halter wesentlich weniger verringert.

Die Bestandsgrößenstruktur wird sehr stark von kleineren Betrieben bestimmt. Schon seit über einem Jahrzehnt liegt der Schwerpunkt in der Gruppe von 10-20 Kühen (33,6%), obwohl auch für diese Größenklasse seit Mitte der 70er Jahre eine sinkende Anteilsquote zu beobachten ist. Deutlich wachsen dagegen die größeren Bestände.

Das Allgäu ist zentraler Schwerpunkt der Milchwirtschaft in Bayern. Auch 1984 wurden die meisten Kühe in den Landkreisen Unterallgäu (107.426) und Ostallgäu (93.007) bei Durchschnittsbeständen von 23,2 bzw. 22,6 Tieren gehalten. Das andere Extrem stellt wiederum das westliche Unterfranken dar (Landkreis Aschaffenburg 2.859, Miltenberg 4.860 Tiere), wo sich in manchen Gebieten der Milchkuhbesatz innerhalb eines Jahrzehnts um 20 - 30% verringerte. Ähnlich niedrige Werte werden in der Hallertau erreicht (Kelheim 29), in den Ackerbaugebieten (Dingolfing-Landau 28, München 28). Die für das südliche Grünlandgebiet sehr niedrige Ziffer des Landkreises Garmisch-Partenkirchen (43) verweist auf die mehrfach angesprochene Verlagerung des Schwerpunktes der Milchproduktion in das Alpenvorland (Unterallgäu 135).

Betrachtet man abschließend die Entwicklung im vergangenen Jahrzehnt, dann läßt sich feststellen, daß die Milchviehhaltung in Ackerbaugebieten besonders in Unterfranken, in den Gäugebieten und stadtnahen Bereichen stark rückläufig ist. Hier wurde auch von der Inanspruchnahme der Milchrente stärker Gebrauch gemacht.
Detailliertere Untersuchungen belegen, daß sich heute bereits ein fast geschlossener Kreis von Gemeinden um München legt, in dem die Milchkuhhaltung völlig verschwunden ist. Während die Viehzahlen im Süden auf hohem Stand stagnieren oder sich nur wenig ändern, lag das zahlenmäßige Wachstum im ostbayerischen Mittelgebirge, auch die in der Oberpfalz.

K. Ruppert

Milchkuhbestände in Bayern

Jahr	Bestandsgröße mit...bis...Milchkühen					Jahr	Bestandsgröße mit ...bis...Milchkühen				
	1-9	10-19	20-29	30-59	60 u. mehr		1-9	10-19	20-29	30-59	60 u. mehr
a) Zahl der Tiere (in 1 000)						b) Prozentanteil der Bestandsgrößenklassen an allen Milchkühen					
1971	1 049	611	210	55	5	1981	54,3	31,7	10,9	2,8	0,3
1980	467	756	491	265	9	1980	23,5	38,1	24,7	13,3	0,4
1984	364	682	568	339	13	1984	18,0	33,6	28,0	19,7	0,7

Quelle: BStELF, Agrarbericht 1986, S. 98

Karte 43
Milchkuhhaltung 1984

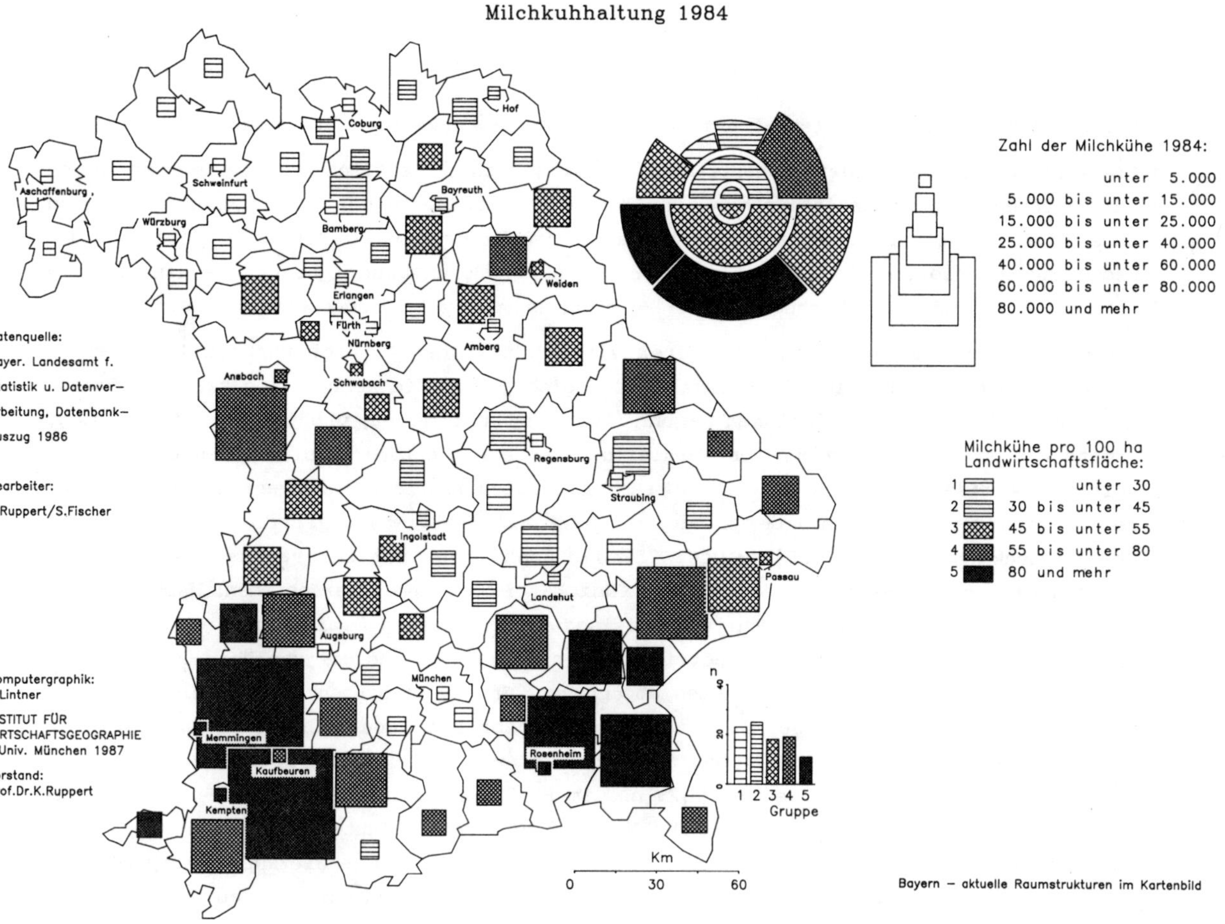

Zahl der Milchkühe 1984:
- unter 5.000
- 5.000 bis unter 15.000
- 15.000 bis unter 25.000
- 25.000 bis unter 40.000
- 40.000 bis unter 60.000
- 60.000 bis unter 80.000
- 80.000 und mehr

Milchkühe pro 100 ha Landwirtschaftsfläche:
1. unter 30
2. 30 bis unter 45
3. 45 bis unter 55
4. 55 bis unter 80
5. 80 und mehr

Datenquelle:
Bayer. Landesamt f. Statistik u. Datenverarbeitung, Datenbankauszug 1986

Bearbeiter:
K. Ruppert / S. Fischer

Computergraphik:
P. Lintner
INSTITUT FÜR WIRTSCHAFTSGEOGRAPHIE
d. Univ. München 1987
Vorstand:
Prof. Dr. K. Ruppert

Bayern – aktuelle Raumstrukturen im Kartenbild

Karte 44
Entwicklung der Milchkuhhaltung 1979 – 1983

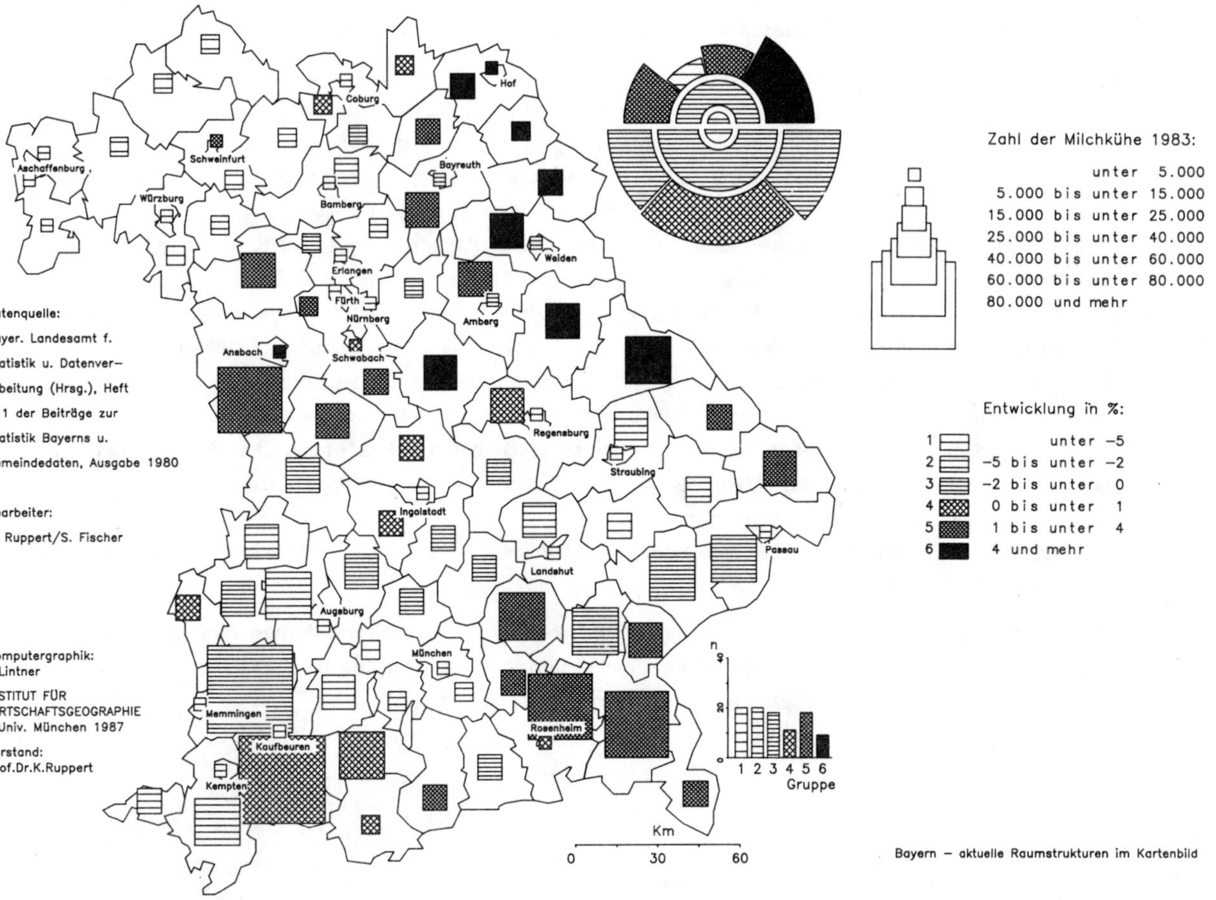

Zahl der Milchkühe 1983:
- unter 5.000
- 5.000 bis unter 15.000
- 15.000 bis unter 25.000
- 25.000 bis unter 40.000
- 40.000 bis unter 60.000
- 60.000 bis unter 80.000
- 80.000 und mehr

Entwicklung in %:
1. unter −5
2. −5 bis unter −2
3. −2 bis unter 0
4. 0 bis unter 1
5. 1 bis unter 4
6. 4 und mehr

Datenquelle:
Bayer. Landesamt f. Statistik u. Datenverarbeitung (Hrsg.), Heft 411 der Beiträge zur Statistik Bayerns u. Gemeindedaten, Ausgabe 1980

Bearbeiter:
K. Ruppert / S. Fischer

Computergraphik:
P. Lintner
INSTITUT FÜR WIRTSCHAFTSGEOGRAPHIE
d. Univ. München 1987
Vorstand:
Prof. Dr. K. Ruppert

Bayern – aktuelle Raumstrukturen im Kartenbild

Karte 45: Typisierung der landwirtschaftlichen Betriebe nach der Betriebsform 1983

Die Zusammenfassung landwirtschaftlicher Betriebe nach einheitlichen Kriterien hat in den Landwirtschaftswissenschaften schon eine lange Tradition. In der Vorkriegszeit standen zumeist an Betriebsgrößen orientierte Verfahren im Vordergrund. In dem Maße jedoch wie die Bedeutung sozialökonomischer und von der Flächengröße unabhängiger Bezüge als wichtig erkannt wurde, fand ein Wechsel in der Bevorzugung von Typisierungskriterien statt.

Die Gruppierung der Betriebe nach ihrer wirtschaftlichen Ausrichtung führte zu einer Gliederung nach Bodennutzungssystemen. Sobald sich jedoch die Korrelation zwischen Bodennutzung und Veredelung aufzulösen begann (Futtermittelimport, viehlose Betriebe usw.), wandte man sich der Erfassung von Vergleichsdaten auf monetärer Basis zu. In der derzeit gültigen Betriebssystematik wird die Gesamtheit aller Betriebe in sogenannte Betriebsbereiche untergliedert, wobei der Landwirtschaft alle Betriebe zugeordnet werden, deren Standarddeckungsbeitrag (STDB) zu über 75% der Landwirtschaft zuzurechnen ist. Auf der zweiten Gliederungsstufe werden sodann fünf Betriebsformen unterschieden: Marktfrucht-, Futterbau-, Veredelungs-, Dauerkultur- und landwirtschaftliche Gemischtbetriebe. Mit Ausnahme der letzten Form sind alle Betriebsnormen durch einen Anteil von über 50% des STDB bezüglich des Produktionsschwerpunktes abgegrenzt. In Bayern stehen die Futterbaubetriebe mit Abstand an der Spitze, gefolgt von Marktfruchtbaubetrieben. Auf Kreisbasis spielen jedoch mit regional unterschiedlichem Schwerpunkt auch die übrigen Betriebsformen eine beachtenswerte Rolle. Im HE werden 73,2% und im NE 53,3% aller Betriebe dem Futterbautypus zugerechnet. Die betreffenden Werte für Marktfruchtbetriebe lauten 15,0 bzw. 35,1%. Seit 1971 zeigt die starke Zunahme der Futterbaubetriebe ebenso wie die Rückläufigkeit der landwirtschaftlichen Gemischtbetriebe den bereits mehrfach angesprochenen Spezialisierungstrend an.

Infolge des hohen Grünlandanteils in Südbayern umfaßt der Typus Futterbau fast 80% aller Betriebe. Andererseits liegt die Quote der Marktfruchtbetriebe in Nordbayern deutlich über dem Bundesdurchschnitt und bestimmt in Unterfranken 44% der Haupterwerbsbetriebe.

Unterwirft man die Gliederungsergebnisse der Agrarberichterstattung 1983 einer Cluster-Analyse und stellt die Ergebnisse kartographisch dar, dann zeigt sich unter regionalem Aspekt eine relativ deutliche Zonierung Bayerns, die wie folgt beschrieben werden kann:
- Eine deutliche Dominanz von stark Futterbau bestimmten Typen, charkaterisiert den Alpenraum, das Alpenvorland sowie den Bayerischen Wald.
- Etwas abgeschwächt, aber immer noch stark vom Typus Futterbau bestimmt, sind beträchtliche Teile der Oberpfalz, Oberfrankens und des westlichen Mittelfrankens.
- Ein breites, vorwiegend dem Futterbau zuzuordnendes Band reicht von Neu-Ulm bis Weiden und trennt die südlichen Ackerbaugebiete um Ingolstadt, Straubing und München von den entsprechenden Strukturen in Nordbayern, insbesondere in Unterfranken, wo Marktfrucht und Futterbau in Kombination den Typus bestimmen.
- Im fränkischen Weinbaugebiet (Landkreis Kitzingen) und der Hallertau (Landkreis Pfaffenhofen und Kelheim) wird der Einfluß der Spezialkulturen sichtbar. Hier treten auch in stärkerem Maße Gemischtbetriebe hinzu.
- In zahlreichen Kernstädten und dem Würzburger Raum gewinnt der Typus Marktfruchtbau eine beherrschende Stellung.

Diese Typisierung verdeutlicht häufig wiederkehrende Grundstrukturen des bayerischen Agrarraumes. In ihr findet eine Synthese zwischen Grundlagen des natürlichen Potentials und Auswirkungen anthropogener Einflüsse ihren Ausdruck.

K. Ruppert

Karte 45
Typisierung der landwirtschaftlichen Betriebe nach der
Betriebsform 1983 (Clusteranalyse)

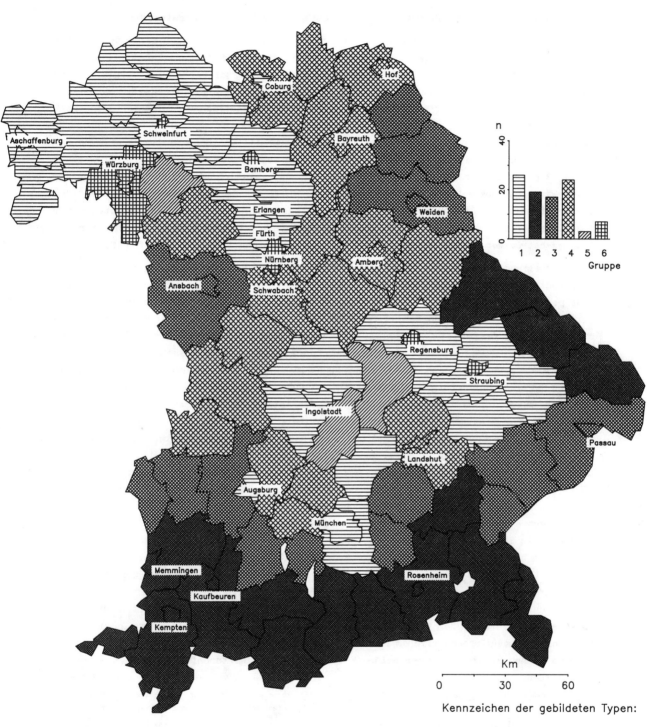

Datenquelle:
Bayer. Landesamt f. Statistik u. Datenverarbeitung Datenbankauszug 1986 und eigene Berechnungen

Bearbeiter:
K. Ruppert

Computergraphik: P. Lintner
INST. F. WIRTSCHAFTSGEOGRAPHIE
d. Universität München 1987
Vorstand: Prof. Dr. K. Ruppert

Kennzeichen der gebildeten Typen:
1 Marktfrucht/Futterbau
2 sehr stark Futterbau
3 stark Futterbau
4 Futterbau
5 Dauerkulturbetriebe
6 Marktfruchtbetriebe

Bayern – aktuelle Raumstrukturen im Kartenbild

Karte 46/47: Bruttowertschöpfung 1982/ Erwerbstätige 1983 in der Landwirtschaft

Die Bedeutung der Landwirtschaft für Bayern kann weder allein durch den Anteil an der Bruttowertschöpfung noch an der agrarischen Erwerbsquote gemessen werden. Die Erzeugung von pflanzlichen und tierischen Produkten und die Bereitstellung von Arbeitsplätzen muß durch Leistungen für die Umwelt ergänzt werden. Dennoch wurden die Karten 46 und 47 aufgenommen, da sie selbst bei niedrigen Anteilswerten deutlich differenzierte Informationen bieten.

Die Bruttowertschöpfung - ein Ausdruck für die wirtschaftliche Gesamtleistung - im primären Sektor erreicht in Bayern 1982 den bisherigen Höchstwert von 9,223 Mrd. (1984: 8,7 Mrd.). Sie ist zwar seit 1970 um 1/3 gewachsen, aber deutlich hinter der Steigerungsrate aller Wirtschaftsbereiche (52%) zurückgeblieben. 78,4% des Produktionswertes stammen 1984 aus der tierischen Erzeugung, 21,6% aus der pflanzlichen Produktion. Am Gesamtwert der landwirtschaftlichen Leistung für die BRD ist Bayern mit 26,2% beteiligt. Innerhalb Bayerns betrug der Anteil an der Gesamtbruttowertschöpfung 1982 3,6% (1984: 3,1%).

Die Darstellung vermittelt - trotz aller Schwierigkeiten bei der Erfassung - die Erkenntnis, daß 1982 relativ hohe Werte dort ermittelt wurden, wo einerseits die Landwirtschaft sehr produktiv ist, wie in den Gäugebieten, oder wo die außerlandwirtschaftliche Produktivität niedrig ist. Dementsprechend verweist die Karte vor allem auf Niederbayern (Straubing 19,8%) und West-Mittelfranken (Neustadt a.d. Aisch 15,4%) oder die nördliche Oberpfalz (Amberg - Sulzbach 10,4%). Unter dem Landesdurchschnitt liegen alle kreisfreien Städte sowie mehrere Kreise der Verdichtungsräume (Neu-Ulm und Nürnberger Land je 2,8%, München 1,0%, Aschaffenburg 2,0%), aber auch Alpenlandkreise wie Berchtesgadener Land 3,0% und Garmisch-Partenkirchen 3,1%. Obwohl seit der letzten Volkszählung keine Erhebung der Erwerbsstruktur stattgefunden hat, besteht doch die Möglichkeit, auf Grundlage statistischer Angaben die Erwerbstätigen am Arbeitsort nach Wirtschaftsbereichen gegliedert zu quantifizieren. Von den 4,83 Mill. Erwerbstätigen werden 1983 0,466 Mill. dem Bereich Land- und Forstwirtschaft zugerechnet. Der rapid sinkende Anteil von 30,6% (1950) über 13,2% (1970) auf 9,4% (1984) lag immer deutlich über dem Bundesdurchschnitt (5,1% 1984).

Zwei Schwerpunkte der landwirtschaftlichen Erwerbstätigkeit lassen sich klar erkennen: die Ackerbaugebiete Niederbayerns und das westliche Mittelfranken. Spitzenwerte liegen heute im Landkreis Straubing, allerdings ist die Quote auch im Landkreis Neustadt-Bad Windsheim relativ hoch. In den Nachbargebieten zu Baden Württemberg hat sich aber der Wandel in der Erwerbstätigkeit rascher vollzogen. Teilweise macht sich noch der höhere Besatz an Arbeitskräften im Spezialkulturanbau bemerkbar, so in Unterfranken (Landkreis Schweinfurt). Die geringste Beteiligung am primären Sektor ist heute im westlichen Unterfranken, Nordost-Oberfranken und in den Verdichtungsräumen zu beobachten. Aber auch im Alpenraum ist die Zahl der landwirtschaftlichen Erwerbstätigen sehr niedrig. Nur noch wenige Gebiete Bayerns können bezüglich dieser beiden Kriterien als landwirtschaftlich geprägt angesprochen werden.

K. Ruppert

Bruttowertschöpfung und reales Wachstum in Bayern

Jahr	Bruttowertschöpfung* aller Wirtschaftsbereiche (unbereinigt)			Land-und Forstwirtschaft, Fischerei		
	A	B	C	D	E	F
1970	103 580	172 246	3,7	5 083	6 630	
1972	128 426	187 394	5,0	5 970	6 799	0,9
1974	153 198	197 356	0,6	6 350	7 617	7,2
1976	178 186	108 046	6,5	7 616	6 968	-1,6
1978	208 649	226 075	4,4	7 908	7 702	1,6
1980	241 785	241 785	1,6	7 839	7 839	3,4
1982**	269 489	247 718	0,9	9 223	9 205	16,1
1984**	299 092	262 545	3,7	8 709	8 842	3,6

Quelle: BStELF, Agrarbericht 1986, S. 22 * Ergebnisse nach dem "Nettosystem", d.h. ohne Mehrwertsteuern; ** vorläufige Werte - Berechnungsstand Januar 1986

Erwerbspersonen in der Land- und Forstwirtschaft in Bayern

Jahr	Zahl der Erwerbspersonen	Anteil an den Erwerbsp. aller Wi.-bereiche insgesamt	davon in % männlich	weiblich
1950	1 399	30,6	23,3	41,1
1961	1 014	21,4	16,1	28,8
1970	647	13,2	10,1	17,9
1981*	520	10,0	7,8	13,1
1984	486	9,4	7,4	12,2

*Fortschreibung der 1 % Mikrozensuserhebung,
Quelle: BStELF, Agrarbericht 1986, S. 22

A=in jew. Preisen (nominal) in Mio DM; B=in Preisen von 1980 (real) in Mio DM; C/F=reales Wachstum in +/- %; D=in jew. Preisen in Mio DM; E=in Preisen von 1980

Karte 46
Anteil der Landwirtschaft an der Bruttowertschöpfung (BWS) 1982

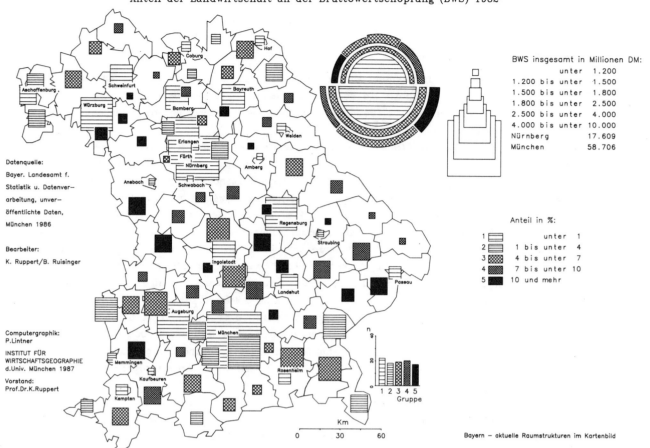

Karte 47
Erwerbstätige in der Land- und Forstwirtschaft 1983

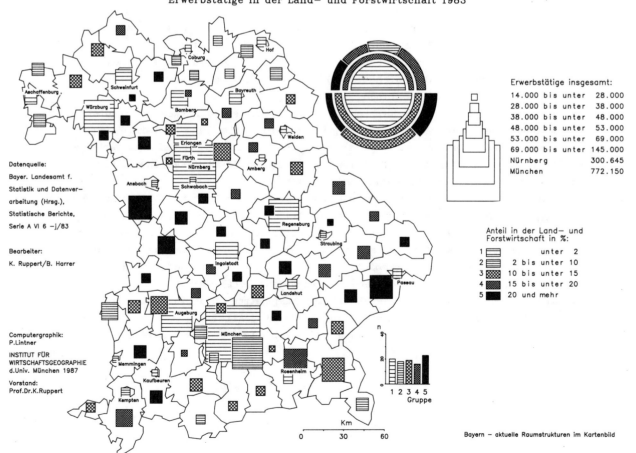

Karte 48: Industriedichte 1985

Mit der Industriedichte (Industriebesch. je qkm) wird das Ausmaß der räumlichen Konzentration der Industrie verdeutlicht. Die statistische Basis bildet hier die Zahl der Beschäftigten im Verarbeitenden Gewerbe (Betriebe mit 20 u. mehr Besch.) und die Flächenwerte der Stadt- und Landkreise (in qkm).

Das Verarbeitende Gewerbe (Industrie u. Produzierendes Handwerk) bildete 1984 in Bayern mit knapp 9 600 Betrieben und 1,276 Mio. Beschäftigten den bedeutendsten Wirtschaftsbereich im Produzierenden Gewerbe. Innerhalb des Verarbeitenden Gewerbes kam dem Investitionsgütersektor mit 53% der Beschäftigten das größte Gewicht zu. Das Verbrauchsgüter produzierende Gewerbe hatte einen Anteil von 27%, die Grundstoff- und Produktionsgüterindustrie von 13,5% und das Nahrungs- und Genußmittelgewerbe von 6,7%.

Das Standortmuster der bayerischen Industrie spiegelt sich in den unterschiedlichen Industriedichtewerten wider. So fallen mit entsprechend hohen Werten die Verdichtungsräume und die kreisfreien Städte im Kartenbild auf, wo sich die Industrie auf engem Raum drängt. Die höchste Industriedichte besitzt Schweinfurt mit 803. Die Stadt übertrifft selbst die bayerische Landeshauptstadt (599). Die Industriedichte in München wird u.a. durch die Branchenschwerpunkte elektrotechnische Industrie (Siemens mit ca. 40 000 Besch.), Fahrzeug- u. Maschinenbau (BMW, MAN, Krauss-Maffei) und die Druckindustrie bedingt. Auch die Luft- und Raumfahrttechnik hat in München und Umland zahlreiche Arbeitsplätze konzentriert (MBB, MTU, Dornier).

Hohe Dichtewerte kennzeichnen auch die Industrieregion Mittelfranken. Von den rd. 205 000 Industriebeschäftigten liegen gut drei Viertel im Bereich der Achse Schwabach-Nürnberg-Fürth-Erlangen. Die deutliche Spezialisierung weist auf eine Konzentration von Arbeitsplätzen in der Elektrotechnik (Siemens, AEG), Feinmechanik, Optik, Stahl-, Maschinen- und Fahrzeugbau sowie Nahrungs- und Genußmittel hin. In der elekrotechnischen Industrie Mittelfrankens werden heute bei der dortigen industriellen Produktion bundesweit die größte Menge von Chips und anderen Halbleiterbauteilen verbraucht.

Trotz Rückgang der traditionellen Textilindustrie sticht auch Augsburg mit einer recht hohen Industriedichte (342) im Kartenbild heraus. Stahl-, Maschinen- und Fahrzeugbau sowie in jüngerer Zeit auch Elekroindustrie erhalten der Großstadt den industriellen Charakter. Auch in Ingolstadt (Industriedichte: 263) entfallen heute mehr als die Hälfte der Industriearbeitsplätze auf den Maschinen- und Fahrzeugbau. Insbesondere Audi-NSU (ca. 20 000 Besch.) trägt mit zu dem überdurchschnittlichen Dichtewert bei, weniger Ingolstadts arbeitsextensive Raffinerieanlagen. Auch Regensburg entwickelte sich nach dem Krieg zu einem bedeutenden Industriestandort (Industriedichte: 232). 19 000 Beschäftigte verteilen sich auf die Branchen Elektrotechnik, Metallverarbeitung und Textil/Bekleidung. Neu entsteht dort der Fahrzeugbau durch eine Zweigwerk von BMW.

Hohe Dichtewerte erlangen auch die an Fläche geringen kreisfreien Städte Schweinfurt, Bamberg, Aschaffenburg, Coburg und Rosenheim. Das Industriedichtegefälle zu ihrem jeweiligen Umland ist teilweise beachtlich, v.a. im Falle Schweinfurts. Als ausgesprochen industriearme Gebiete lassen sich die meisten Landkreise Ostbayerns und des Alpenraums ausmachen. Es liegt dort die Industriedichte unter dem Wert 10. Der ländliche Raum Oberfrankens, aber auch Schwabens hat demgegenüber einen zum Teil erheblich höheren Industrialisierungsgrad. In der Raumkategorie ländlicher Raum gelten auch die Landkreise Miltenberg (v.a. Textilind.), Dingolfing-Landau (Automobilbau), Altötting (Chemie) und Lindau (v.a. Maschinenbau, Gummiwaren, Textilien, Nahrungsmittel) als überdurchschnittlich industrialisiert.

H.-D. Haas

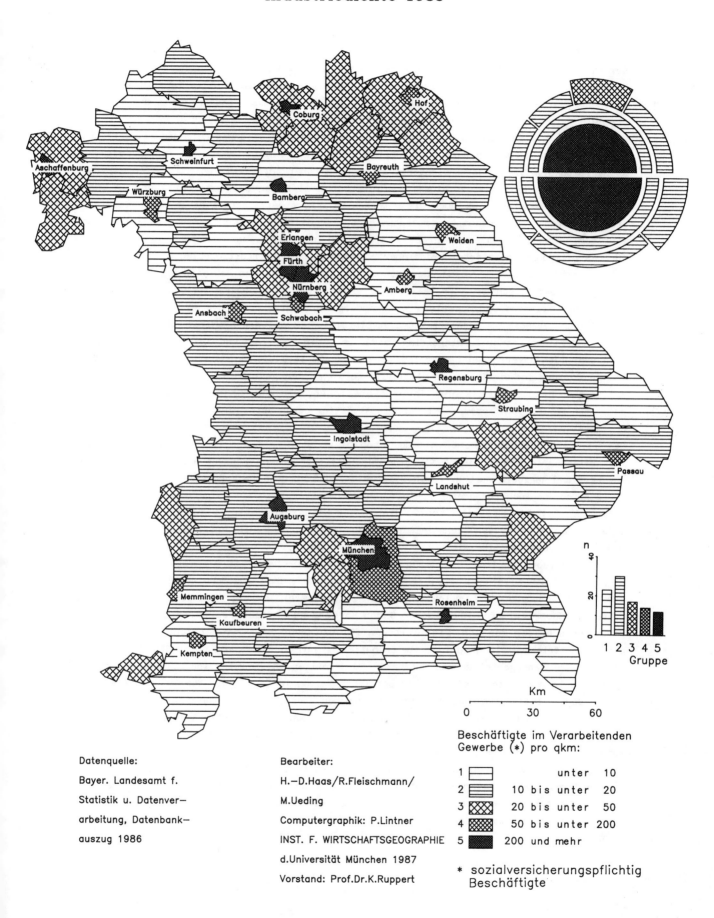

Karte 49: Industriebesatz 1985

Der Industriebesatz (Industriebeschäftigte je 1000 Ew.) ist eine gängige Meßziffer zur Beurteilung des Industrialisierungsgrades eines Raumes. Statistische Basis sind hier die Beschäftigten des Verarbeitenden Gewerbes (Betr. mit 20 u. mehr Besch.) sowie die Einwohnerzahl der jeweiligen Stadt- oder Landkreise.

Zu beachten ist, daß die in den Stadt- bzw. Landkreisen arbeitenden Personen mit der dort wohnhaften Bevölkerung in Beziehung gesetzt werden. Die Pendlerbewegungen finden folglich keine Berücksichtigung. Hohe Dichteziffern können daher ihre Erklärung darin finden, daß die Industriebeschäftigten zu einem wesentlichen Teil Einpendler aus benachbarten oder entfernteren Gebieten sind. Auch die unterschiedliche Arbeitsintensität in den jeweiligen Industriezweigen wird nicht bewertet. Entsprechend deutlich kommen auf der anderen Seite räumliche Konzentrationen von arbeitsintensiven Industrien zum Ausdruck. Dies gilt z.B. für das altindustrialisierte Nordostoberfranken mit seiner traditionellen Glas- und feinkeramischen Industrie sowie der dort konzentrierten Textil- und Bekleidungsindustrie. Der sog. Pendlereffekt schlägt sich bei fast allen kreisfreien Städten nieder, am stärksten in Ingolstadt, Erlangen und Schweinfurt. Besonders deutlich wird in diesem Zusammenhang die hohe Einpendlerquote am Industriestandort Dingolfing (Zweigwerk BMW), wo der Industriebesatz im dortigen Landkreis Dingolfing-Landau bei über 300 liegt und damit die Spitzenposition von allen bayerischen Landkreisen einnimmt. Im Vergleich zu Nordbayern ist im Süden des Landes der Industriebesatz allgemein geringer, ausgenommen freilich wiederum die kreisfreien Städte und bekannte Industrieregionen, wie das "Chemiedreieck". Im letztgenannten Falle sticht etwa der Landkreis Altötting durch seinen höheren Wert deutlich aus den umgebenden Landkreisen heraus.

Die Landeshauptstadt München mit der absolut größten Zahl von Industriebetrieben und Beschäftigten in Bayern bleibt mit einem Industriebesatz von weniger als 150 weit hinter Nürnberg und Augsburg zurück. Darin zeigt sich, daß München im Vergleich zu den genannten Großstädten und auch zu anderen kreisfreien Städten Bayerns doch in geringerem Maße Industriestadt ist. Die Wirtschaftsstruktur in der Landeshauptstadt wird relativ stark von öffentlichen und privaten Dienstleistungen, von Handel, Bank- und Versicherungswesen sowie vom Verkehrsgewerbe mitbestimmt.

Der Industriebesatz ist - in Bezug auf den Bundesdurchschnitt - in Bayern bis in die Gegenwart hinein gewachsen und liegt nunmehr deutlich über dem Schnitt aller Bundesländer. Vergleicht man die Entwicklung in den letzten zehn Jahren, wird deutlich, daß auch mehrere industriearme Landkreise im Süden Bayerns nun Industriearbeitsplätze in ihren Gemeinden schaffen konnten. Dies gilt v.a. für den Landkreis Unterallgäu, der 1975 noch einen Industriebesatz von weniger als 50 hatte und nun in der Gruppe 100 - 125 einzustufen ist. Das Zonenrandgebiet konnte durch die Förderhilfen insgesamt seine Situation verbessern, was in der Karte durch einen Industriebesatz von in der Regel über 125 zum Ausdruck kommt. Der teilweise sehr starke Kontrast zwischen kreisfreien Städten und Umland hat sich bis heute etwas ausgeglichen, wenngleich auch 1985 noch Fälle existieren, wo die unterste Gruppe (bis u. 100) und die oberste (300 u. mehr) unmittelbar aufeinandertreffen (Schweinfurt, Ingolstadt, Nürnberg/Fürth).

Zu den Kreisen mit dem niedrigsten Industriebesatz in Bayern von jeweils unter 50 zählen die Landkreise Schweinfurt und Würzburg, die auf der anderen Seite Gebiete mit einer bedeutenden Agrarwirtschaft sind (Ackerflächenanteil 80 u. mehr %, s. Karte 38). Auch die Fremdenverkehrsfunktion, v.a. im Alpenraum, schwächt den Stellenwert der Industriebeschäftigten ab.

H.-D. Haas

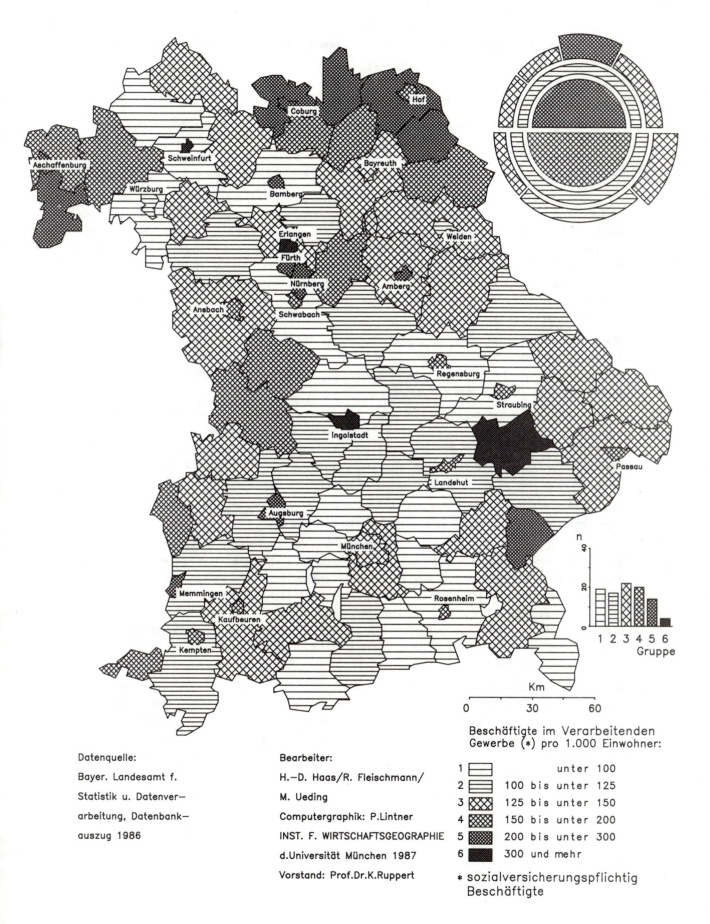

Karte 50: Industriebeschäftigte in Abhängikeit von der Beschäftigtenzahl insgesamt 1985

Rund 1 970 000 sozialversicherungspflichtig Beschäftigte (1985) sind in Bayern im Produzierenden Gewerbe tätig. Diese entsprechen einem Anteil von 51% an allen Beschäftigten und einem Landkreisdurchschnitt von 56%.

Trotz der kontinuierlichen Zunahme des tertiären zuungunsten des sekundären Sektors, zeigt das zugrundeliegende Datenmaterial, daß die Beschäftigtenstruktur in verschiedenen Regionen Bayerns noch wesentlich vom Produzierenden Gewerbe geprägt wird. Dieser Sachverhalt bildet die Grundlage für die vorliegende Typisierung anhand einer Regressionsanalyse.

Für jeden Landkreis werden die Beschäftigten insgesamt sowie die Beschäftigten im Produzierenden Gewerbe in ein Koordinatensystem übertragen. Beide Merkmale weisen einen stark positiven statistischen Zusammenhang auf (Korrelationskoeffizient = 0.8). Aus der gewonnenen Regressionsgeraden wird für jeden Landkreis ein Schätzwert für die Beschäftigten im Produzierenden Gewerbe ermittelt, welcher auf den Beschäftigtenzahlen insgesamt basiert. Die Differenzen zwischen Schätzwert und der entsprechenden Beschäftigtenzahl im Produzierenden Gewerbe erlauben eine Typisierung der bayerischen Landkreise nach überproportionaler Industriebeschäftigung.

Die regionale Verteilung dieser Raumtypen (4 und 5) konzentriert sich vor allem auf den Spessart, auf weite Bereiche Oberfrankens, der Oberpfalz, der Raumordnungsregion Mittelfranken sowie auf die Südhälfte Niederbayerns und einen Gürtel, der sich an der Westseite Bayerns von Neu-Ulm bis Ansbach erstreckt.

Demgegenüber kennzeichnen Typ 1 und 2 Regionen, in denen die Beschäftigtenstruktur des sekundären Sektors vom primären und tertiären Sektor überlagert wird. Dazu gehören die dienstleistungsorientierten kreisfreien Städte mit wenigen Ausnahmen, weite Bereiche Oberbayerns und der Rhön, in denen z.B. die Fremdenverkehrsfunktionen zum Ausdruck kommen (z.B. Berchtesgadener Land, Garmisch-Partenkirchen, Bad Kissingen).

Typ 3 repräsentiert Räume mit einer Industriebeschäftigtenanzahl, die entsprechend ihrer Gesamtbeschäftigten, relativ genau der Erwartung entspricht.

Karte 50 zeigt deutliche regionale Schwerpunkte überproportionaler Industriebeschäftigung. Bei der Interpretation dieser Raummuster ist jedoch zu beachten, daß hinter der gleichen Beschäftigtenintensität vollkommen unterschiedliche Industriestrukturen stecken können. Oberfranken weist z.B. einen relativ hohen Anteil weiblicher Industriebeschäftigter sowie ein relativ niedriges Lohn- und Gehaltsniveau (vgl. Karte 54 und 56) auf; Indikatoren, die auf lohn- und arbeitsintensive strukturschwache Industrien schließen lassen. Wohingegen z.B. die kreisfreien Städte Schweinfurt und Ingolstadt eher von einer wachstumsorientierten Industriestruktur geprägt sind.

Diese mangelnde Differenzierung der Industriestruktur beruht auf der Statistik des Produzierenden Gewerbes, in der die Beschäftigten nicht nach reinen Fertigungstätigkeiten und tertiärorientierten Funktionen unterschieden werden. Obgleich in vielen industriellen Großbetrieben schon teilweise fast die Hälfte der Beschäftigten nicht mehr direkt im Produktionsprozeß steht, sondern als Angestellte in der Planung, der Organisation oder auch in der Verteilung tätig ist, werden sie derzeit in der Statistik des Produzierenden Gewerbes geführt.

S. Lempa

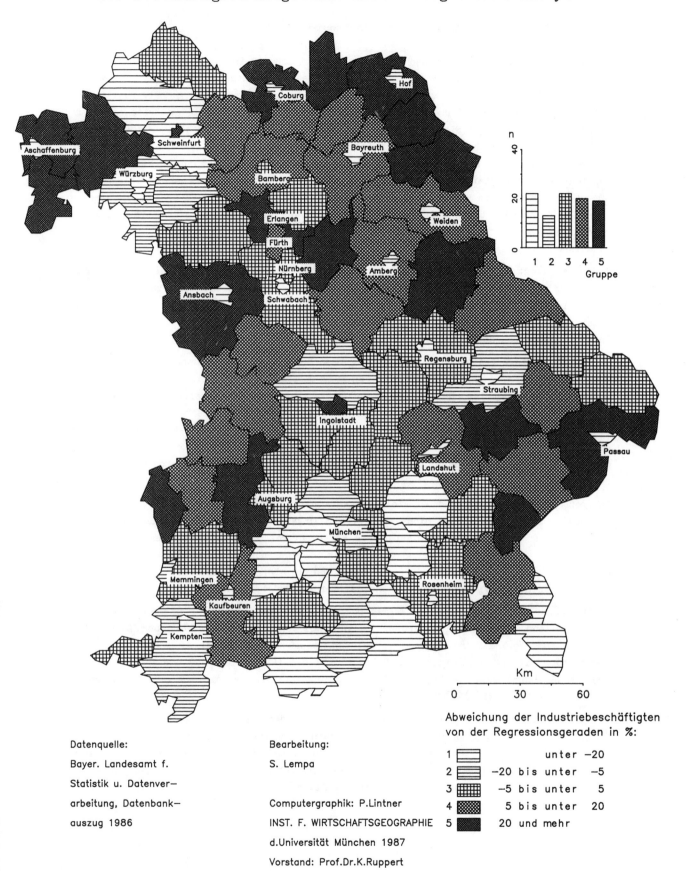

Karte 51: Betriebsgrößen im Verarbeitenden Gewerbe 1985

Die regionale Differenzierung nach der durchschnittlichen Betriebsgröße liefert wertvolle Anhaltspunkte für die Analyse der bayerischen Industriestruktur. Größere Betriebe weisen in der Regel ein von Klein- und Mittelbetrieben sehr verschiedenes Standortverhalten auf und besitzen eine wesentlich höhere Persistenzwahrscheinlichkeit. Die in Krisenzeiten an den Tag gelegte größere Elastizität bedingt jedoch nicht selten erhebliche Arbeitsmarktprobleme. Extrem überdurchschnittliche Betriebsgrößen deuten daher immer auch auf starke regionale und kommunale Abhängigkeitsbeziehungen hin. Gerade die Klein- und Mittelbetriebe leisten wertvolle Dienste bei der Schaffung neuer Arbeitsplätze, was vor allem damit zusammenhängt, daß die Herstellung ihrer Produkte weniger leicht rationalisiert werden kann. Darüberhinaus tragen sie erheblich zur Verbesserung des sozialen Klimas und der regionalen Dynamik bei. Die größere innovatorische Kraft fördert dabei den industriellen Strukturwandel.

In Bayern liegt die durchschnittliche Betriebsgröße bei 138, ein im Bundesvergleich eher niedriger Wert. Zwar befinden sich innerhalb der Landesgrenzen bedeutende, zum Teil multinationale Unternehmen und in den Betrieben mit 500 und mehr Beschäftigten arbeitet ca. jeder zweite Industriebeschäftigte, aber fast 98% aller bayerischen Industriebetriebe sind in den unteren Beschäftigtengrößenklassen angesiedelt.

Unterschiedliche Betriebsgrößen sind häufig branchenbedingt. Auf Industriezweige, die der handwerklichen Fertigung sehr nahe stehen, wie z.B. die Holzbe- und -verarbeitung, die Druckereien, die Spielwaren- und Schmuckindustrie aber auch die Herstellung von Textilien, Lederwaren und Bekleidung, entfallen wesentlich höhere Anteile an Klein- und Mittelbetrieben als auf die äußerst arbeitsteilige Herstellung von Massenprodukten. Für viele Branchen des Grundstoff- und Produktionsgütergewerbes, aber auch in zahlreichen Investitionsgüterindustrien, v.a. im Maschinenbau, im Fahrzeugbau sowie in der Elektrotechnik, sind daher überdurchschnittliche Betriebsgrößen charakteristisch.

Da Großbetriebe sich aufgrund der vielfältigen Agglomerationsvorteile bevorzugt in Zentrennähe ansiedeln, nimmt es nicht wunder, daß in den bayerischen Verdichtungsräumen und in den kreisfreien Städten bedeutend höhere Werte auftreten als im ländlichen Raum. Allerdings liegen keineswegs die drei größten Städte Bayerns auch bezüglich der durchschnittlichen Betriebsgröße an der Spitze. Dies deutet darauf hin, daß hier neben einigen Großunternehmen auch eine Vielzahl kleiner und mittlerer Betriebe ansässig ist.

Höhere Werte als München (310), Nürnberg (234) und Augsburg (255) weisen daher jene Industriestandorte auf, die aufgrund der Dominanz von ein oder zwei Großbetrieben eine extrem unausgewogene Branchenstruktur besitzen. Zu nennen sind dabei vor allem die Städte Schweinfurt mit 722 (Maschinenbau), Erlangen mit 658 (Elektrotechnik) und Ingolstadt mit 606 (Straßenfahrzeugbau) sowie die Landkreise Dingolfing-Landau mit 317 (Straßenfahrzeugbau) und Altötting mit 301 (Chemie).

Mit der Beschäftigtenzahl sinkt im allgemeinen auch die durchschnittliche Betriebsgröße. Die geringsten Betriebsgrößen entfallen daher naturgemäß auf die ländlichen Gebiete Unter- und Mittelfrankens, auf das östliche Niederbayern sowie auf das Alpenvorland. Interessant sind aber auch die kleinen Werte im Umland der Verdichtungsräume. Offensichtlich waren am Prozeß der Industriesuburbanisierung vorrangig Klein- und Mittelbetriebe beteiligt.

R. Fleischmann

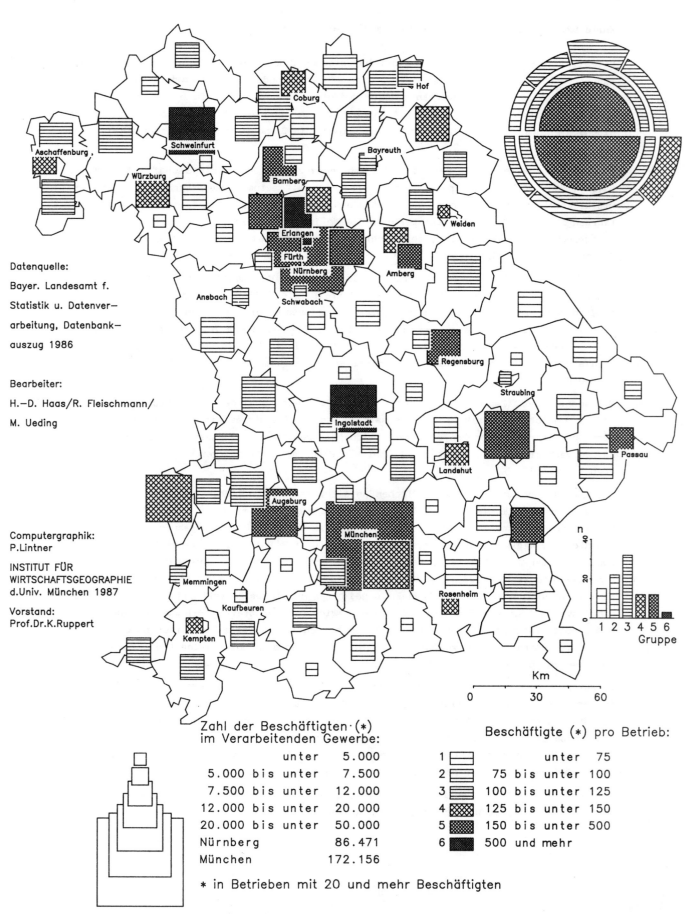

Karte 52: Beschäftigte im Investitionsgütergewerbe 1985

Die strukturelle Zusammensetzung der bayerischen Industrie weist deutliche Unterschiede zur Situation im gesamten Bundesgebiet auf. Während Grundstoff- und Produktionsgüterindustrien nur an wenigen Standorten größere Bedeutung erlangen (z.B. im bayerischen Chemiedreieck um Burghausen im Landkreis Altötting und im Landkreis Amberg-Sulzbach mit seiner eisenschaffenden Industrie), dominieren in Bayern die Branchen des Investitionsgütergewerbes.

Landesweit arbeitete 1985 bereits mehr als jeder zweite Industriebeschäftigte - genau 53,9% (1960: 40,5%) - im Investitionsgüterbereich mit seinen zukunftsträchtigen Branchen wie Elektrotechnik, Maschinen- und Fahrzeugbau, Feinmechanik, Optik sowie Luft- und Raumfahrzeugbau. Hohe Beschäftigtenanteile an diesen Industriezweigen gehen zumeist einher mit wachsenden Produktionszahlen, ausgeprägter Investitionstätigkeit, vor allem im Bereich Forschung und Entwicklung sowie mit verhältnismäßig geringer Arbeitslosenquote.

Die räumliche Verteilung der bayerischen Investitionsgüterindustrie zeigt starke Konzentrationstendenzen auf Verdichtungsräume und kreisfreie Städte. Insbesondere in den Kernstädten der beiden größten bayerischen Agglomerationen erreichen die Anteilswerte ein weit über dem Durchschnitt gelegenes Niveau: München 78%, Nürnberg 74%, Fürth 72%, Erlangen 94%, Schwabach 74%. Übertroffen werden diese Städte lediglich von drei extrem großbetrieblich strukturierten Standorten: Schweinfurt 96%, Ingolstadt 90% und Landkreis Dingolfing-Landau 88%.

Mit Ausnahme des Landkreises München (65%) fällt gegenüber den Verdichtungskernen das Umland zumeist sehr stark ab. Im Gegensatz zu anderen Industriezweigen weist das räumliche Standortmuster der Branchen des Investitionsgütergewerbes kaum Ansätze zu einer flächenhaften Verbreitung auf, sieht man einmal von einer generell stärkeren Präsenz im westlichen Landesteil ab.

Die überwiegend unterdurchschnittlichen Anteilswerte im ländlichen Raum erklären sich im wesentlichen aus der besonderen Standortorientierung forschungs- und entwicklungsintensiver Branchen. Bezüglich traditioneller Standortfaktoren weitgehend ungebunden, spielen für sie die sog. Agglomerationsvorteile die dominierende Rolle. Ein ausreichendes Angebot qualifizierter Arbeitskräfte, hervorragende infrastrukturelle Ausstattung sowie der schnelle Informationsfluß und vielfältige Kontaktmöglichkeiten sind hier zu nennen. Die Nähe zu hoch- und höchstrangigen Entscheidungszentren aus Politik und Wirtschaft, Wirtschaftsverbänden, Ausbildungseinrichtungen sowie zu einer breiten Palette von Industrie- und Dienstleistungsbetrieben wird jedoch am besten in den Verdichtungsräumen sowie ober- und mittelzentralen Orten gewährleistet. Hier befinden sich unzweifelhaft die Motoren der bayerischen Industrie.

Dieser Zentrenorientierung entspricht das weitgehende Fehlen des Investitionsgütergewerbes im peripheren Raum. Vor allem im Zonenrandgebiet entlang der Grenzen zu DDR und CSSR aber auch im Grenzgebiet zu Österreich umd im westlichen Mittelfranken weisen nahezu alle Landkreise stark unterdurchschnittliche Werte auf. Von wenigen Ausnahmen abgesehen, steht hier die Verbrauchsgüterindustrie im Vordergrund. Als besonderer Problemfall kristallisiert sich dabei auch der oberfränkische Industrieraum heraus.

Generell läßt sich im ländlichen Raum eine Konzentrationstendenz des Investitionsgütergewerbes auf bedeutsame überregionale Verkehrsachsen feststellen. R. Fleischmann

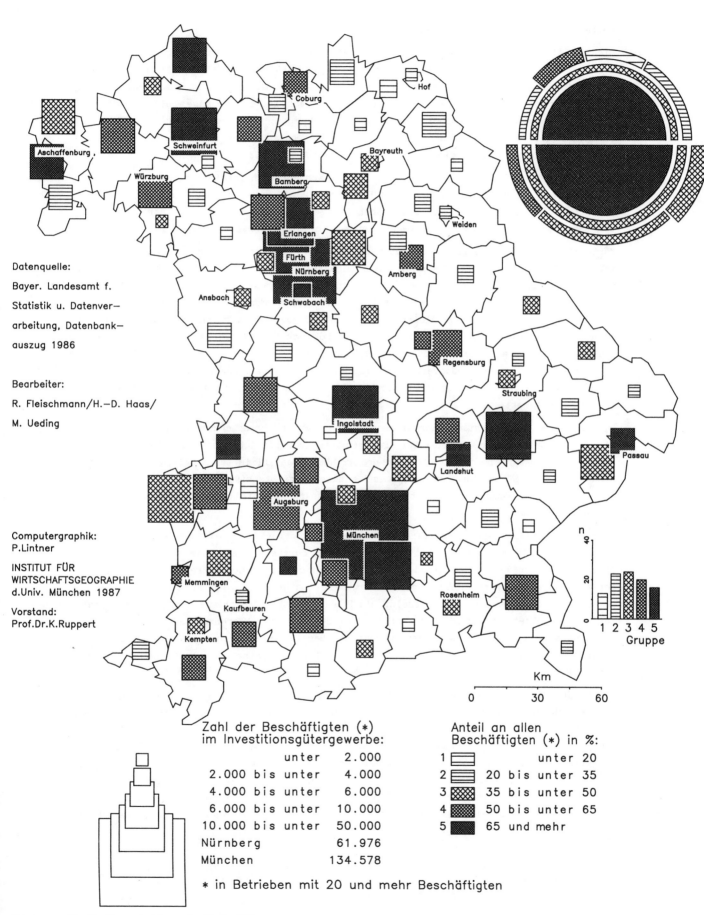

Karte 53: Angestellte im Verarbeitenden Gewerbe 1985

Die Angestelltenquote, definiert als Anteil der Angestellten an den Gesamtindustriebeschäftigten, gibt Hinweise auf die organisatorische Struktur der Betriebe. Hohe Werte lassen in der Regel auf die im Verhältnis zur Produktion überproportionale Präsenz umfangreicher Verwaltungs- und Forschungeinrichtungen schließen. Die Angestelltenquote gilt daher als Indikator für wachstumskräftige und zukunftsorientierte industrielle Standortstrukturen mit weitgehend automatisierter Produktion und hoher Produktivität und ermöglicht somit Aussagen über die Qualität regionaler Arbeitsplatzstrukturen.

Bayern war in den letzten Jahrzehnten von einem ausgeprägten Tertiärisierungsprozeß innerhalb der Industrie gekennzeichnet. 1968 noch bei 23,4% gelegen, stieg die Angestelltenquote auf 31,4% im Jahre 1985. Ein knappes Drittel aller bayerischen Industriebeschäftigten zählt somit bereits zu den sogenannten "white-collar-workers".

Karte 53 zeigt eine deutliche Konzentration der Angestellten auf wenige Gravitationspunkte. Fast jeder zweite bayerische Industrieangestellte (48,3%) befindet sich in den Regionen München und Industrieregion Mittelfranken, die zusammen lediglich 33,4% aller industriellen Arbeitsplätze aufweisen. Auf Erlangen (65,8%), München (52,3%) sowie auf die eng mit der Kernstadt München verflochtenen und teilweise stark verdichteten Landkreise München (57,9%), Starnberg (47,2%) und Fürstenfeldbruck (41,4%) entfallen die bayerischen Höchstwerte. Darüberhinaus erreicht die Angestelltenquote lediglich in einigen kreisfreien Städten insbesondere im südbayerischen Raum ein hohes Niveau. Abgesehen vom Landkreis Neu-Ulm (32,0%) besitzt außerhalb Oberbayerns kein einziger Landkreis einen überdurchschnittlichen Anteilswert.

Hinter dieser ausgeprägten Polarisierung stehen mehrere Ursachenkomplexe. So bewirkt das mit der Zentralität in qualitativer und quantitativer Hinsicht steigende Angebot an Bildungsinfrastruktur einen Konzentrationsprozeß höchstqualifizierter Arbeitskräfte. Darüberhinaus bestehen gerade für forschungs- und entwicklungsintensive Betriebe neben dem Bedarf an Spezialisten auch ein lebhaftes Interesse an den vielfältigen Kontaktvorteilen im Verdichtungsraum.

Betriebsspezifische Standortpräferenzen können jedoch nur einen Teil der räumlichen Differenzierung erklären. Von entscheidender Bedeutung dürfte vielmehr die Tatsache sein, daß insbesondere qualifizierte Arbeitskräfte aufgrund der enormen Attraktivität großstädtischer Kultur- und Wirtschaftszentren kaum bereit sind, mit ihren Familien in einen als peripher angesehenen Raum umzusiedeln. Die Standortwahl der Betriebe mit hohem Angestelltenanteil richtet sich also nicht zuletzt an den Wohnortpräferenzen der leitenden Angestellten aus und damit auch an der subjektiven Beurteilung regionaler Wohn- und Freizeitwerte, was vor allem die überdurchschnittlichen Quoten im Münchner Raum und im Alpenvorland erklärt.

Die niedrigsten Werte finden sich dagegen im Zonenrandgebiet, insbes. in der Oberpfalz und in Niederbayern. Selbst der bedeutendste südostbayerische Industriestandort im Landkreis Dingolfing-Landau bildet trotz der Dominanz des Investitionsgütergewerbes keine Ausnahme, sondern steht nach den Landkreisen Freyung-Grafenau (13,7%) und Cham (14,4%) mit 14,8% lediglich an drittletzter Stelle. Der hier ansässige Großbetrieb erfüllt also in erster Linie Produktionsfunktionen. Selbst das strukturschwache, aber durch traditionell ansässige Industrie gekennzeichnete Oberfranken weist höhere Angestelltenquoten auf als der ostbayerische Raum mit seinen zahlreichen unselbständigen Zweigbetrieben. R. Fleischmann

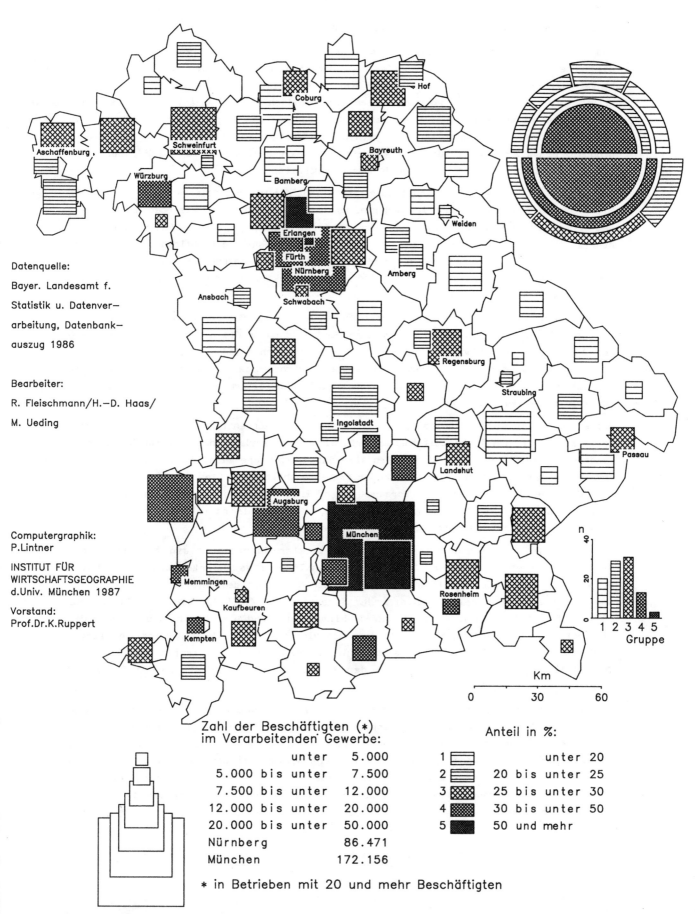

Karte 54: Frauen im Verarbeitenden Gewerbe 1985

Das Ausmaß weiblicher Beschäftigung hängt in erster Linie von der räumlichen Verteilung der Industriezweige ab, extrem niedrige oder hohe Frauenanteile geben somit Hinweise auf mangelhafte Branchendiversifikation mit all ihren negativen Folgen. Betriebe des Verbrauchsgüter produzierenden Gewerbes bieten eine deutlich größere Anzahl an Frauenarbeitsplätzen als das kapitalintensivere Investitionsgütergewerbe. Extrem geringe Frauenanteile ergeben sich vor allem durch die in Bayern nur an wenigen Standorten strukturbestimmende Grundstoff- und Produktionsgüterindustrie (z.B. Landkreis Altötting mit 18,6%). Der bayerische Wert liegt mit 33,1% über dem Bundesdurchschnitt.

Der Anteil an weiblichen Beschäftigten beeinflußt die wirtschaftliche und soziologische Situation der einzelnen Industriestandorte. Es handelt sich bei den Betrieben mit intensiver Frauenbeschäftigung überwiegend um standortunabhängige, mobile Verarbeitungsindustrien, die zum großen Teil nur un- und angelernte Arbeitskräfte benötigen und daher auch ein geringes Lohnniveau aufweisen. Persistenzprobleme und Konjunkturempfindlichkeit sind die Folge. Hohe regionale Anteilswerte sind daher charakteristisch für strukturschwache und periphere Räume.

Die höchsten Frauenanteile in Bayern verzeichnen die Kreise Oberfrankens, allen voran Hof und Kronach mit 47,2% und 45,4%. Ausschlaggebend sind dafür die hier ansässigen Betriebe des Textil- und Bekleidungsgewerbes und der feinkeramischen Industrie. Der hohe Wert des vor allem durch Holzbe- und -verarbeitung sowie Elektrotechnik charakterisierten Landkreises Coburg (44,4%) verdeutlicht die Dominanz einfacher Fertigungsbetriebe auch außerhalb der traditionellen Frauenindustrien.

Abgesehen von einzelnen, isolierten Industriestandorten konzentrieren sich hohe Frauenanteile lediglich noch im mittelfränkischen Bereich. Insbesondere in den beiden kreisfreien Städten Fürth und Schwabach überlagern sich dabei sehr hohe Anteilswerte sowohl in der Investitionsgüterindustrie als auch in der Frauenbeschäftigung. Dies deutet auf das weitgehende Fehlen der umfangreichen Forschungs- und Entwicklungsabteilungen hin, die normalerweise für diese Industriezweige typisch sind, sich aber im mittelfränkischen Verdichtungsraum allein auf Nürnberg und Erlangen konzentrieren.

Im ost-niederbayerischen Raum fand in den letzten Jahrzehnten ein tiefgreifender Strukturwandel statt. Noch vor 20 Jahren zu den Industriestandorten mit den höchsten Frauenanteilen zählend, erreichen die Werte heute kaum noch den bayerischen Durchschnitt und liegen zum Teil weit darunter (z.B.: Straubing: 1964: 55,4%, 1985: 34,1%; Passau: 1964: 53,5%, 1985: 25,8%). Der im Landkreis Dingolfing-Landau ansässige Großbetrieb des Straßenfahrzeugbaus bedingt mit 22,9% sogar den viertniedrigsten Wert Bayerns. Die allgemein sowohl für den Fahrzeugbau als auch für den Maschinenbau typischen unbedeutenden Frauenanteile manifestieren sich in den Anteilswerten Ingolstadts mit 21,3% und Schweinfurts mit 16,6%.

Aufgrund der wesentlich ausgewogeneren Industriestruktur und der zahlreichen Arbeitsplätze im tertiären Sektor besitzen die Verdichtungsräume einen niedrigeren Frauenanteil als der ländliche Raum. Abgesehen von Augsburg (Textil- und Bekleidungsindustrie) entfallen dabei auf die Kernstädte - ebenso wie generell auf die meisten kreisfreien Städte - erheblich kleinere Werte als auf ihr jeweiliges Umland. Gerade im Pendlereinzugsbereich der großen Städte stellen die Frauen auspendelnder Erwerbstätiger offenbar ein immer noch bedeutsames Arbeitskräftereservoir dar.

R. Fleischmann

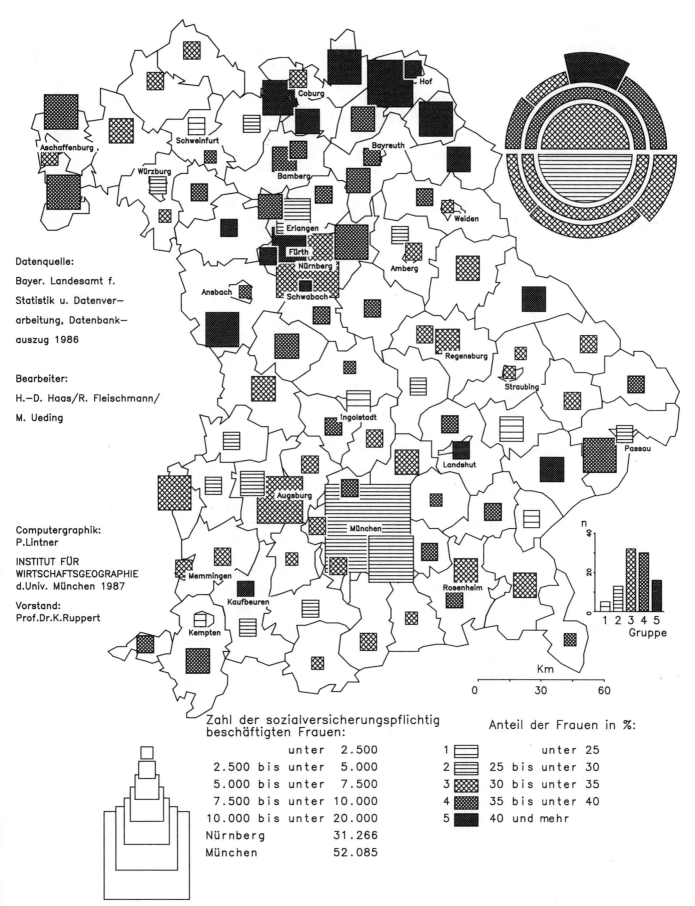

Karte 55: Ausländer im Verarbeitenden Gewerbe 1985

Wie in allen Bundesländern stieg auch in Bayern der Ausländeranteil an Bevölkerung und Beschäftigten in der Nachkriegszeit erheblich an, denn die mit dem wirtschaftlichen Aufschwung verbundenen Produktionsausweitungen lösten einen enormen Nachfrageüberschuß am Arbeitsmarkt aus. Aufgrund des relativ geringen Industrialisierungsgrades - vor allem in den 50er und 60er Jahren - nimmt Bayern heute mit 8,8% ausländischen Beschäftigten im Verarbeitenden Gewerbe bundesweit nur einen Mittelplatz ein.

Von den insgesamt 141 Tsd. Ausländern entfallen 1985 allein 41,7% auf die Kernstädte der drei großen Verdichtungsräume, wobei deren Anteil an den Gesamtindustriebeschäftigten nur 22,6% beträgt. Darüberhinaus besitzen nahezu alle kreisfreien Städte einen wesentlich höheren Ausländeranteil als ihr jeweiliges Umland. München als höchstrangiges Wirtschaftszentrum steht mit 18,3% unter allen kreisfreien Städte vor Nürnberg mit 13,4% und Augsburg mit 12,9% an der Spitze. Im Gegensatz zu anderen Agglomerationen weist dabei auch das Umland von München - insbesondere im Norden und Osten - überdurchschnittliche Anteilswerte auf.

Dagegen hat der noch teilweise agrarisch geprägte ländliche Raum aufgrund der nur geringen Quantität an Arbeitsplätzen und des niedrigen Lohnniveaus für die überwiegend lohnwertorientierten Ausländer nur eine äußerst geringe Attraktivität. Im besonders strukturschwachen Zonenrandgebiet sinkt der Ausländeranteil in vielen Landkreisen sogar unter 2%, wobei auf die im Oberpfälzer bzw. Bayerischen Wald gelegenen Kreise Cham mit 0,8%, Regen mit 0,5% und Freyung-Grafenau mit 0,3% die drei niedrigsten Werte entfallen. Bemerkenswert sind die für einen industriell geprägten Raum meist recht niedrigen Werte in Oberfranken, erneuter Beweis für die Strukturschwäche der hier ansässigen Industrie. Industriebetriebe in Gebieten mit relativ hohen Arbeitslosenraten sind eben in der Regel nicht auf die Anstellung ausländischer Arbeitnehmer angewiesen.

Neben dieser zentral-peripheren Differenzierung zeigt die Karte einen deutlichen Unterschied zwischen dem Raum Oberbayern/Schwaben einerseits und dem restlichen Bayern andererseits. Während in Nordbayern außerhalb des mittelfränkischen Verdichtungsraums neben Hof lediglich die Landkreise Miltenberg (12,7%) und Aschaffenburg (9,7%) - hier macht sich offenbar der Einfluß des Rhein-Main-Raumes bemerkbar - überdurchschnittliche Werte erreichen, entfallen auf die meisten Landkreise südlich einer Linie Burghausen - Neu-Ulm bedeutend höhere Ausländeranteile. Dieses Phänomen kann nicht allein aus der Industriestruktur heraus erklärt werden, hier spielt auch die Grenze zu Österreich eine erhebliche Rolle. Während im restlichen Bayern die Türken unter den Gastarbeitern stark dominieren, konzentrieren sich im südbayerischen Raum aufgrund der relativen Nähe und guten Erreichbarkeit ihrer Heimatländer Österreicher und Jugoslawen. Dabei spielen v.a. gute Verkehrsverbindungen eine wichtige Rolle, wie sich an dem bevorzugten Auftreten hoher Ausländeranteile entlang der Bundesautobahnen zeigt.

Auffallend hohe Werte besitzen Rosenheim (12,7%), der Landkreis Altötting (13,5%) sowie der Landkreis Lindau, der mit 18,5% sogar den höchsten ausländischen Beschäftigtenanteil in Bayern aufweist, obwohl der Anteil der Ausländer an der jeweiligen Wohnbevölkerung (vgl. Karte 14) weitaus niedriger liegt. Diese grenznahen bzw. leicht erreichbaren Industriestandorte haben also einen weit über die Staatsgrenze hinausreichenden Pendlereinzugsbereich.

R. Fleischmann

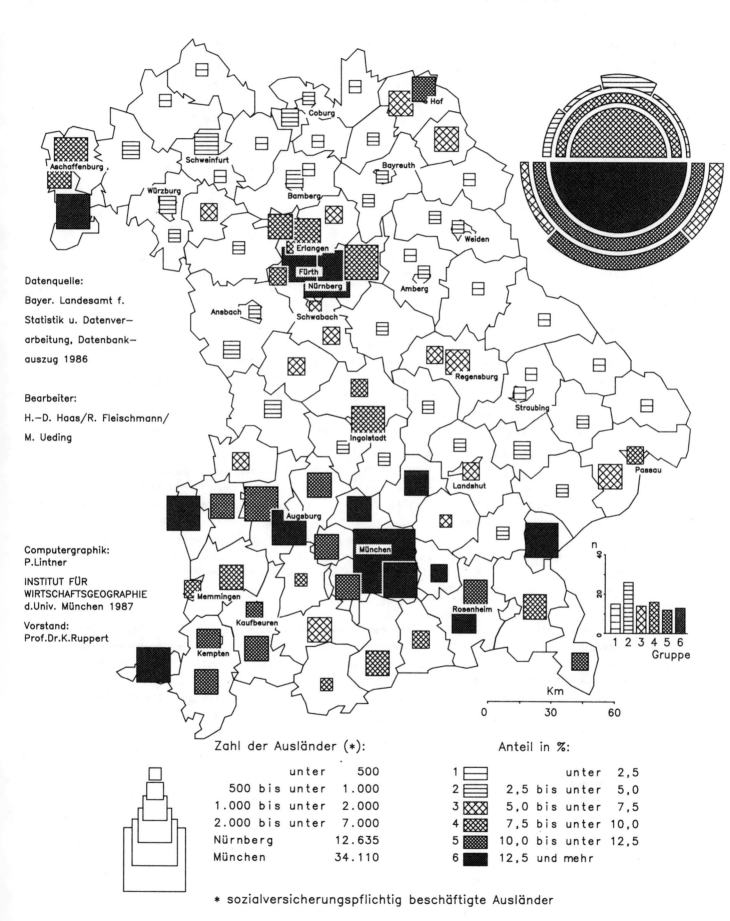

Karte 56: Löhne und Gehälter im Verarbeitenden Gewerbe 1985 (Betriebe ab 20 Beschäftigte)

Mit der Größe der Quadrate kommt in der Karte zunächst die Verteilung der Arbeitsplätze im Verarbeitenden Gewerbe (Betr. mit 20 u. mehr Besch.) zum Ausdruck. Auf der Basis der Bruttojahresverdiensterhebung wurden die durchschnittlichen Löhne und Gehälter pro Beschäftigten ermittelt und als abgestuftes Raster in die Quadrate eingebracht. Wesentliche Parameter für die Höhe des Verdienstes ist die Branchenstruktur sowie die räumliche Lage der Standorte. Die folgende Tabelle zeigt die durchschnittlichen Bruttoverdienste (incl. Zulagen und Zuschläge) männlicher Industriearbeiter im Bundesgebiet (Sommer 1986) nach Branchen geordnet (in DM):

Mineralöl	22,68	Bauindustrie	17,26	Fahrzeugbau	19,97
Feinmechanik, Optik	17,18	Druckindustrie	19,67	EBM-Waren	16,85
Bergbau	19,46	Möbel	16,67	Chemie	19,05
Nahrung/Genuß	16,47	Schiffbau	18,90	Kunststoff	16,30
Metallbau	18,61	Papier, Pappe	16,09	Maschinenbau	18,40
Textil	15,32	Büromasch., EDV	17,79	Feinkeramik	15,16
Elektrotechnik	17,53	Bekleidung	15,14		

Die Bruttostundenverdienste fallen um so höher aus, je weitreichender die Qualifikation der Fachkräfte in einem Industriezweig ist. Das hohe Lohnniveau bei der Mineralölindustrie kommt deutlich am Standort Ingolstadt zum Ausdruck, wo v.a. auch der Straßenfahrzeugbau (Audi) mit seiner im Schnitt guten Bezahlung zubuche schlägt. Letzterer ist auch die Erklärung für das dunkle Raster im Falle des Landkreises Dingolfing-Landau (BMW-Werk). Die Dominanz der lohnkostenintensiven chemischen Industrie im Landkreis Altötting (Industriedreieck) bedingt auch das starke Hervortreten dieses nicht verdichteten Gebiets im Kartenbild. Ähnliches gilt für Schweinfurt mit seinem Spezialmaschinenbau.

Relativ hohe Löhne und Gehälter sind in den Verdichtungsräumen zu erwarten. Im Stadt- und Landkreis München ist es v.a. die High-Tech-Industrie mit ihrem hohen Angestelltenanteil, welche den Durchschnittswert hebt, so daß dieser dort 1983 nahezu die 50 000 DM-Marke erreichte. Zweifelsohne leistet auch die Druckindustrie im Raum München mit ihren verhältnismäßig hohen Löhnen einen Beitrag, gilt doch die Landeshauptstadt als das inzwischen größte Verlagszentrum weltweit. Wenn Nürnberg und Erlangen in der höchsten Stufe erscheinen, ist auch hier - neben den "urbanization economies" - die hochspezialisierte Industrie dafür verantwortlich (z.B. Halbleitertechnik). Dies gilt insbesondere für Erlangen, dessen Löhne und Gehälter noch um einiges über denjenigen von Nürnberg liegen (Erlangen: 51 685, Nürnberg: 40 777 DM).

Besonders deutlich im Kartenbild wird das Lohnkostengefälle zwischen den verdichteten zentralen Teilen Bayerns und seinen peripheren ländlichen Gebieten. Obwohl nach der Zahl der Arbeitsplätze bedeutend, fällt Nordostoberfranken (Durchschnitt: 30 377 DM) sehr gegenüber den kreisfreien Städten Südbayerns (Durchschnitt: 45 148 DM) oder den Verdichtungsräumen Südbayerns (Durchschnitt: 40 468 DM) ab. Ähnliches gilt auch für den industriearmen Raum Ostbayerns (Durchschnitt: 30 778 DM) oder für Westmittelfranken (Durchschnitt: 30 875 DM). Das Lohngefälle ist um so stärker ausgeprägt, je höher die Frauenbeschäftigung (Textil/Bekleidung, Keramik) ist bzw. je größer die Zahl wenig qualifizierter Beschäftigter (ungelernte Arbeiter) ausfällt. Statistisch relevant ist für diese Teile Bayerns natürlich auch der weitaus geringere Angestelltenanteil und die überdurchschnittlich hohe Teilzeitbeschäftigung bei ungelernten Frauen.   H.-D. Haas

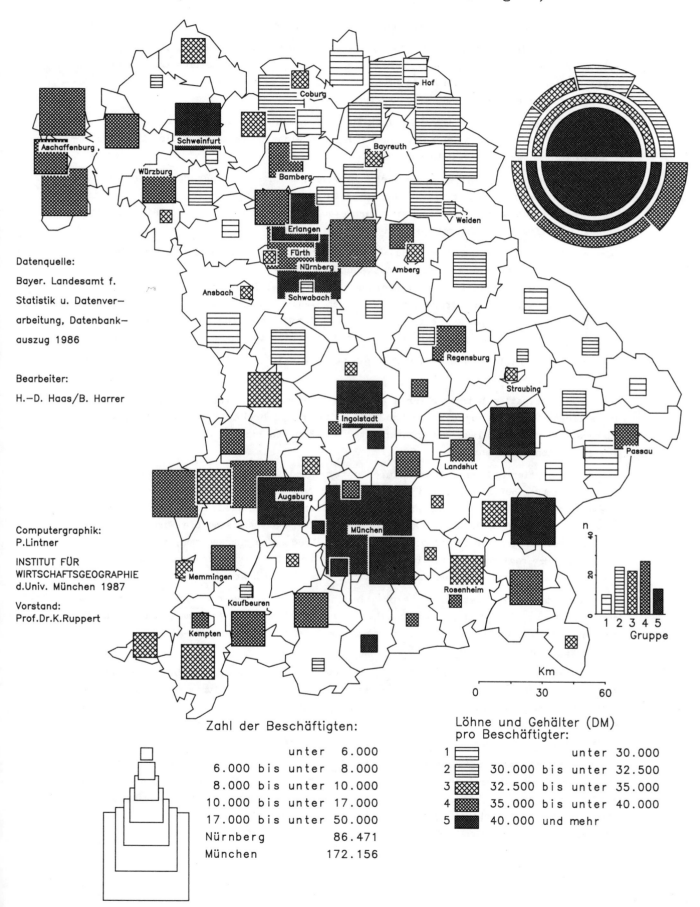

Karte 57: Typisierung nach ausgewählten Industriemerkmalen und dem Tertiärisierungsgrad

Der Prozeß der Tertiärisierung im Produzierenden Gewerbe, verursacht durch Rationalisierung in der Fertigung, forschungs- und entwicklungsorientierte Produktion und in der Regel begleitet von einer Internationalisierung der Geschäftsverbindungen, stellt einen Indikator wachstumsorientierter Industriestruktur dar.

Von Unternehmen dieser zukunftsträchtigen Funktionen geht eine spezifische Nachfrage nach Dienstleistungen bzw. Standortbedingungen aus, die sich von denen traditioneller Produktionsfunktionen wesentlich unterscheidet.

Aufgrund dieser funktionalen Zusammenhänge werden in die vorliegende Faktorenanalyse Indikatoren zukunfts- und tertiärorientierter Produktion aufgenommen. Das multivariate Verfahren verdeutlicht, daß sich vom verwendeten Merkmalskatalog nur ein Teil der Variablen zu signifikanten Faktoren bündelt.

Faktor 1 ist durch hohe positive Ladungen bei Beschäftigten im Investitionsgüter Produzierenden Gewerbe, bei Angestellten, bei Auslandsumsätzen im Verarbeitenden Gewerbe, beim Lohn- und Gehaltsniveau sowie bei überdurchschnittlichen Betriebsgrößen charakterisiert. Nicht zuletzt vor dem Hintergrund der negativen Ladung beim Anteil der weiblichen Industriebeschäftigten, repräsentiert er eine Art von großbetrieblicher (Indikator für rationelle Prozeßinnovationen), wachstums- und tertiärorientierter Industriestruktur.

Faktor 2 korreliert hoch mit Beschäftigtenanteilen in Handel, Verkehr und sonstigen Dienstleistungen.

Durch die Kombination beider Faktoren läßt sich einerseits feststellen, inwieweit sich die Industriestruktur der bayerischen Landkreise durch die hochaufgeladenen Merkmale des Faktors 1 beschreiben läßt und andererseits, welchen Stellenwert gleichzeitig Dienstleistungsfunktionen einnehmen.

Wachstumsorientierte Industriestrukturen unterschiedlicher Intensität konzentrieren sich schwerpunktmäßig auf Schwaben und Oberbayern, mit Ausnahme von Kaufbeuren, Erding und der Fremdenverkehrsgebiete Berchtesgadener Land und Garmisch-Partenkirchen, in denen Dienstleistungsfunktionen deutlich zum Ausdruck kommen. Demgegenüber sind die Fördergebiete der GRW, die meisten kreisfreien Städte sowie wenige Landkreise ausgenommen, nahezu deckungsgleich mit der regionalen Verteilung des Typs 6. Er bildet strukturschwache Industrieregionen, begleitet von einem unterrepräsentierten tertiären Sektor, ab.

Einen besonders hohen Stellenwert bezüglich einer zukunftsträchtigen Industriestruktur nehmen Räume des Typs 1 und 2 ein, zumal die Werte des Faktors 1 hier am größten sind. Die regionale Verteilung dieser beiden Kreistypen spiegelt ein klares Süd-Nordgefälle innerhalb Bayerns wider.

Typ 1 unterscheidet sich von Typ 2 durch ein hohes standörtliches Angebot an Dienstleistungen. Er repräsentiert somit Industriestandorte, bei denen Fühlungsvorteile als Standortfaktoren des tertiären Bereichs der Industrie zum Tragen kommen und kennzeichnet eine Konzentrationstendenz von Unternehmensfunktionen, die auf qualifiziertes Personal und hochwertige industriespezifische Dienstleistungen angewiesen sind.

Diese Zusammenhänge verdeutlichen die Bedeutung des zentralörtlichen Niveaus, zumal sich Typ 1 vor allem auf kreisfreie Städte konzentriert, im Raum München allerdings auch auf das Umland ausgreift. Hier spiegelt sich der Prozeß der Industriesuburbanisierung aus dem Stadbereich München wider, der durch zahlreiche Betriebsverlagerungen inclusiv Verwaltungs-, Planungs- und Managementfunktionen gekennzeichnet ist.

S. Lempa

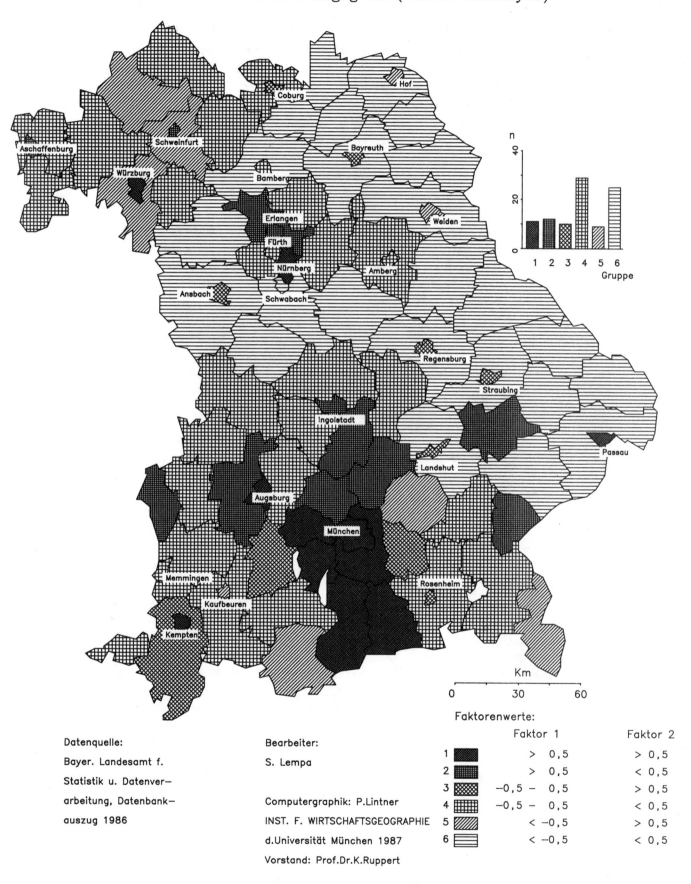

Karte 58/59: Anteil des Verarbeitenden Gewerbes/des Dienstleistungssektors an der BWS 1982

Bevölkerung, Arbeitsplätze und Gütererzeugung verteilen sich ungleich in Bayern, dabei ist insbesondere die Bruttowertschöpfung (BWS) relativ stark regional konzentriert. Allein auf München entfallen fast 22% der BWS. Zur BWS der gesamten bayerischen Wirtschaft, die 1982 eine Höhe von 269,1 Mrd. DM erreichte, trugen die kreisfreien Städte insgesamt mit 49,8%, die Landkreise mit 50,2% etwa zur Hälfte bei.

Die höchste BWS (zu Faktorkosten) je Erwerbstätigen wurde 1982 mit 75 922 DM im Landkreis München erreicht, gefolgt von der Stadt München mit 75 436 DM. Damit lagen Stadt und Landkreis um ca. 38% über dem Landesdurchschnitt. Die geringste BWS verzeichneten auf der anderen Seite die Landkreise Neustadt a.d. Aisch - Bad Windsheim (35 280 DM) und Kelheim (30 311 DM). Diese Werte waren um 36% bzw. 45% unter dem bayerischen Mittel.

Die BWS (zu Marktpreisen) wuchs seit 1970 mit ca. 178% in Niederbayern am stärksten, gefolgt von Oberbayern mit einer Zunahme von 173%. Damit konnte der wirtschaftlich starke Regierungsbezirk Oberbayern seinen Anteil auf über 41% steigern. Er dominiert damit bei weitem über die anderen Regierungsbezirke Bayerns, auf die teilweise nur wenige Prozentpunkte entfallen (z.B. Oberpfalz: 6,8%).

Karte 58 verdeutlicht den Stellenwert der Industrie bei der BWS. Die statistische Grundlage bildet das Warenproduzierende Gewerbe (Energie- und Wasserversorgung, Bergbau, Verarbeitendes Gewerbe, Baugewerbe). Hierauf enfielen 1982 41% der gesamten BWS in Bayern. 60,3 Mrd. DM wurden in den bayerischen Landkreisen und 50,5 Mrd. DM in den kreisfreien Städten erwirtschaftet. Der Anteil der BWS aus dem industriellen Sektor schwankt zwischen 20,9% (Garmisch-Partenkirchen) und 71,2% (Eichstätt). Besonders dominierend (BWS-Anteil 55% u. mehr) ist die Industrie der kreisfreien Städte Erlangen, Ingolstadt und Schweinfurt, wo bedeutende Unternehmen der Elektrotechnik, des Fahrzeug- und Maschinenbaus tätig sind. Auch die Mineralölindustrie schlägt im Raum Ingolstadt (incl. d. Kreise Eichstätt u. Pfaffenhofen a.d. Ilm) deutlich zubuche. Ähnliches gilt für den Landkreis Altötting. Einen gewichtigen BWS-Anteil der Industrie weisen schließlich die Landkreise Dingolfing-Landau und Neu-Ulm auf (v.a. Fahrzeugbau). Auch das gesamte Nordostoberfranken dokumentiert in dieser Karte seine industriewirtschaftliche Ausrichtung.

Immerhin konzentrieren sich auch nahezu ein Fünftel der gesamten industriellen BWS in der Landeshauptstadt und im Landkreis München. Trotz der industriellen Bedeutung Münchens ist dort die BWS im tertiären Sektor größer, was auch für Nürnberg gilt.

Karte 58 korrespondiert naturgemäß mit Karte 59 stark. Ca. 55% der BWS (zu Marktpreisen) rekrutiert sich aus dem Dienstleistungsbereich, zu dem Handel und Verkehr sowie alle übrigen öffentlichen und privaten Dienstleistungen gehören. 21 von 25 kreisfreien Städten Bayerns haben ihren wirtschaftlichen Schwerpunkt im tertiären Sektor. Als dominante Dienstleistungszentren fallen v.a. München und Würzburg im Kartenbild auf. Allein in München, Nürnberg und Augsburg entstanden 1982 ca. 35% aller Handels- und Verkehrsleistungen. Die Bedeutung der übrigen Dienstleistungen in den einzelnen Kreisen ist - wenn man zur Beurteilung die in diesem Bereich erwirtschaftete BWS zugrunde legt - sehr unterschiedlich. Hier reicht die Spannweite von 17,5% (Dingolfing-Landau) bis zu 60,8% (Garmisch-Partenkirchen). Im letztgenannten Fall wird die Bedeutung des Fremdenverkehrs offensichtlich. Auch Behördenstandorte, Hochschulen usw. schlagen sich v.a. bei den kreisfreien Städten in dunkleren Quadratrasterflächen nieder.

H.-D. Haas

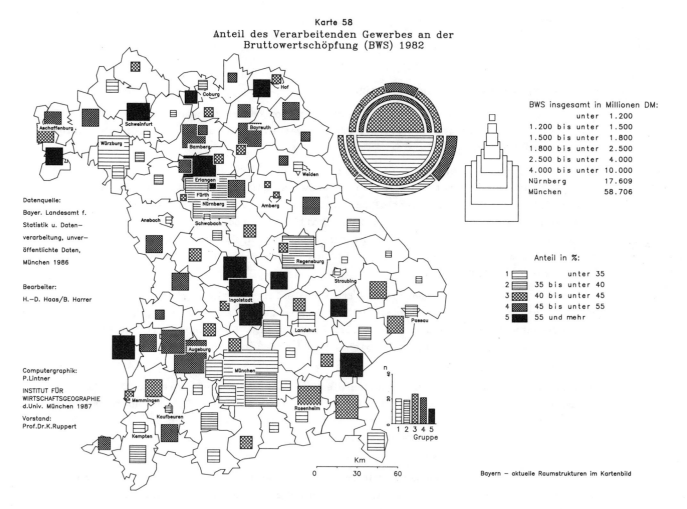

Karte 58
Anteil des Verarbeitenden Gewerbes an der Bruttowertschöpfung (BWS) 1982

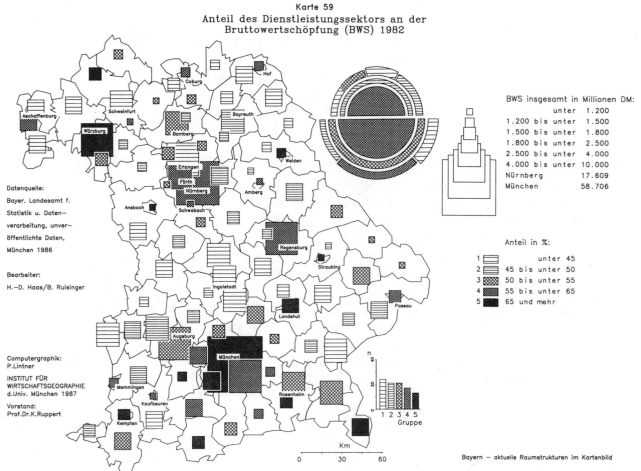

Karte 59
Anteil des Dienstleistungssektors an der Bruttowertschöpfung (BWS) 1982

Karte 60: Fremdenverkehrsintensität 1985

In den letzten Jahrzehnten wurde die Raumorganisation besonders stark durch die Entwicklung der Freizeitaktivitäten beeinflußt, Freizeitverhalten wurde zu einer Grundfunktion unserer Gesellschaft.

Über 80 Mill. Fremdenübernachtungen, d.h. fast 1/3 der Bundesrepublik Deutschland, wurden in Bayern gezählt. Die beträchtliche Attraktivität als Zielland des Freizeitverkehrs basiert auf dem natürlichen Potential der Alpen, des Alpenvorlandes sowie der Mittelgebirge und Heilbäder, der Vielfalt kulturlandschaftlicher Erscheinungen und einem breiten Angebot freizeitorientierter Infrastruktur. Seit vielen Jahren liegt Bayern unter den Inlandsreisezielen an der Spitze, insgesamt nach Spanien und Italien sogar vor Österreich (Studienkreis für Tourismus).

Die Raumwirksamkeit des Fremdenverkehrs trägt vielseitige Aspekte. Neben dem Urlaubsreiseverkehr und dem Bädertourismus spielt in den letzten Jahren auch der Kongreß-, Messe- und Ausstellungstourismus eine wichtige Rolle. Die günstige Erreichbarkeit hat neben dem Naherholungsverkehr, der statistisch bisher nicht erfaßt wird, den Trend zum Kurzurlaub nach Bayern verstärkt.

Mit rund 30% aller Übernachtungen stellen die Heilbäder und Kurorte eine wichtige Position im Fremdenverkehr dar. Fast 12% aller Übernachtungen entfielen 1985 auf Ausländer. Die seit 1922/23 durchgeführten statistischen Erhebungen belegen, daß sich die saisonale Verteilung der Übernachtungen heute zwar ausgeglichen darstellt, noch immer aber entfallen kaum 30% auf die Wintersaison.

Die Bedeutung des Fremdenverkehrs für das jweilige Gebiet wird besonders gut durch die Fremdenverkehrsintensität dargestellt. Die Übernachtungen zur Einwohnerzahl ins Verhältnis gesetzt, relativieren und präzisieren die Raumwirksamkeit.

Der Karte lassen sich folgende Aussagen entnehmen. Die traditionellen Zielgebiete der Alpen haben noch immer die stärkste Position im Fremdenverkehr Bayerns. Hier überlagern sich hohe Übernachtungs- und hohe Intensitätszahlen. Der Fremdenverkehr ist der wichtigste Wirtschaftsfaktor. Auch der Mittelgebirgsbereich wird durch die Signaturen für den Bayerischen Wald, abgeschwächt auch für Oberfranken akzentuiert. Der Einfluß der Heilbäder wird in den Landkreisen Passau (Bäderdreieck), Bad-Kissingen und Unterallgäu (Bad Wörishofen) sichtbar.

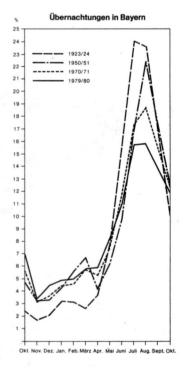

Übernachtungen in Bayern

Daneben bilden sich die Ziele des Städtetourismus wie München und Nürnberg, auch Augsburg, Würzburg und Rothenburg (im Lkr. Ansbach) durch hohe absolute, aber geringe Relativwerte ab. Nicht zu übersehen bleibt eine breite Zone von Neu-Ulm bis Straubing, die trotz mancher Attraktionspotentiale bisher für den Fremdenverkehr keine Anziehungskraft gewonnen hat.

Für zahlreiche Gemeinden bietet der durch den Fremdenverkehr ausgelöste Kapitaltransfer eine wichtige Existenzgrundlage. Die große Bedeutung des Freizeitsektors sollte jedoch nicht dazu führen, daß das Klischee des Agrarlandes Bayern nunmehr durch eine ebenso einseitige Charakterisierung als "Freizeitland abgelöst wird.

K. Ruppert

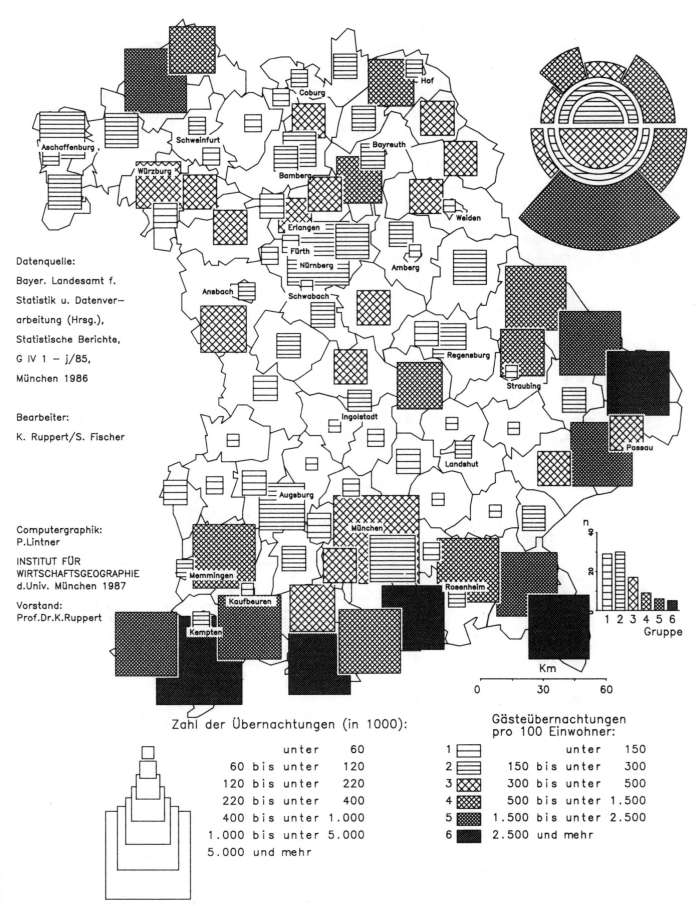

Karte 61/62: Betten pro 100 Einwohner 1985/Aufenthaltsdauer im Fremdenverkehr 1985

Die Struktur der Fremdenverkehrsgebiete wird wesentlich durch das Angebot des Beherbergungssektors bestimmt. In Bayern wurden 1980, vor der Umstellung der Beherbergungsstatistik, durch die Erfassung von privaten und gewerblichen Vermietern 592.801 Betten erfaßt, wobei die Privatquartiere ungefähr ein Drittel des Angebotes bestritten. Die gegenwärtig publizierten Daten umfassen in Bayern neben den gewerblichen Vermietern alle Angebote in den ca. 270 Prädikatsgemeinden (1985: 447.056 Betten) allerdings ohne Campingplätze und Freizeitwohnsitze. Die Angebotsform Urlaub auf dem Bauernhof kann auf eine lange Tradition zurückblicken.

Im Beherbergungsgewerbe herrscht der mittelständische Betrieb vor. 1979 gehörten fast die Hälfte aller gewerblichen Vermieter der Umsatzklasse 100.000 - 500.000 DM an. Der mittelständische Charakter ergibt sich auch daraus, daß von den 1981 erfaßten 15.000 Betrieben nur 4% über mehr als 100 Betten verfügten. Im Durchschnitt boten die gewerblichen Betriebe knapp über 30 Betten an. Im Fichtelgebirge, Bayerischen Wald und im östlichen Alpenraum spielen die Privatvermieter eine größere Rolle.

Karte 61 bezieht die vorhandenen Fremdenbetten auf die Einwohnerzahl und enthält dadurch ebenfalls eine spezielle Aussage zur Fremdenverkehrsintensität. Die räumlichen Muster bestätigen zum Teil die Aussagen von Karte 60. Im Vergleich kann man jedoch feststellen, daß bei weit über dem durchschnittlichen Auslastungsgrad von Bayern (1985: 37,0%) liegenden Wert des Städte- und Kurtourismus (Nürnberg 41,9%, Bad Kissingen 56,0%) häufig kleinere Bettenzahlen mit höheren Übernachtungsquoten korrespondieren. Dementsprechend wirkt das "Kartenrelief" stärker differenzierend.

Die durchschnittliche Aufenthaltsdauer von 4,0 Tagen muß nach den einzelnen Angebotsstrukturen stärker aufgegliedert werden. Sehr niedrigen Werten im Städtetourismus (1-2 Tage) stehen als anderes Extrem die Kurorte, z.B. Bad Reichenhall 11,4 Tage, oder im Lankreis Unterallgäu, Bad Wörishofen 18,6 Tage, gegenüber. Dementsprechend wird das Grundmuster der Karte 62 dominant von den hohen Werten im Bädertourismus bestimmt. In den oberen Gruppen liegen sodann die Gebiete mit ausgesprochenem Erholungstourismus im Alpenraum, Bayerischen Wald oder Fränkischen Mittelgebirge. Die gesonderte Darstellung der kreisfreien Städte erlaubt schließlich auch eine Grundinformation über die Hauptzielgebiete des Städtetourismus.

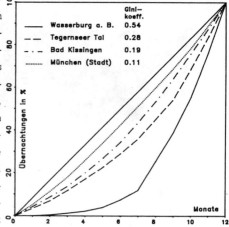

Konzentration der Übernachtungen 1986

Große Unterschiede bestehen in der saisonalen Konzentration der Übernachtungen bei den einzelnen Typen von Fremdenverkehrsgemeinden. Diagramm und Gini-Koeffizienten verweisen auf unterschiedliche saisonale Auslastung. Während im Städte- und Bädertourismus (München 0,148, Bad Kissingen 0,1943) noch von relativ gleichmäßiger Auslastung gesprochen werden kann, zeigen sich bei den Erholungsorten mit Wintersaison (Tegernseer Tal 0,2863), erst recht bei den Sommerfrischen (Wasserburg am Bodensee 0,4782) deutliche Konzentrationserscheinungen. Auf diese Weise soll erneut auf die kleinräumliche Differenzierung hingewiesen werden, die unterhalb der Kreisebene auf Gemeindebasis vorhanden ist.

K. Ruppert

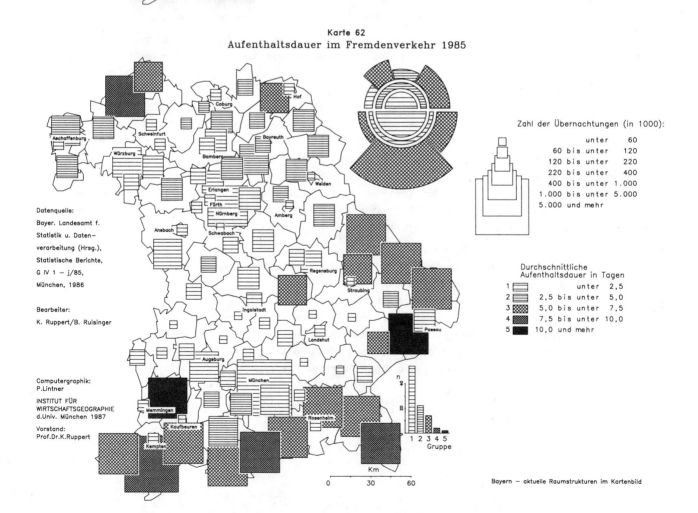

Karte 63: PKW-Besatz 1984

Mit dem PKW-Besatz (Zahl der zugelassenen Personenwagen pro 1 000 Einwohner) liegt eine Maßzahl vor, die Auskunft über den Grad der individuellen Motorisierung und damit Hinweise auf so unterschiedliche Sachverhalte geben kann wie regionale Einkommensunterschiede, Altersstrukturen, aber auch Ausbau des öffentlichen Personennahverkehrs. Dementsprechend unterliegt der PKW-Besatz in Bayern größeren Schwankungen. Der Pkw-Besatz schwankt im allgemeinen im Bereich zwischen 400 und 450 pro 1 000 Einwohner. Während er aber in Ober- und Unterfranken überwiegend weniger als 410 pro 1 000 Einwohner beträgt, liegt er in den Landkreisen Oberbayerns sehr deutlich über dem Landesdurchschnitt. Hier sind die unterschiedlichen demographischen und wirtschaftlichen Bestimmungsfaktoren in den Untersuchungseinheiten erkennbar, daneben auch raumdifferenzierende Faktoren wie etwa die Siedlungsstruktur und das Verkehrsnetz.

In den Zentren der Verdichtungsräume sowie in den meisten kreisfreien Städten (z.B. München, Augsburg, Regensburg, Würzburg, Hof, Coburg, Bamberg, Passau, Straubing) liegt der Pkw-Besatz deutlich unter den Werten der umgebenden Landkreise. Hier zeigt sich sicher teilweise die Wirkung gut ausgebauter öffentlicher Verkehrsmittel. Wichtiger dürfte aber die Bevölkerungsstruktur sein. So liegt in den meisten Groß- und Mittelstädten der Anteil der über 64-jährigen an der Gesamtbevölkerung deutlich über dem Landesdurchschnitt (vgl. auch Karte 12), während andererseits auch der Anteil der geringer motorisierten Ausländer sowie der Sozialhilfeempfänger (vgl. Karten 15 und 19) höher ist. Andere Mittelstädte (Aschaffenburg, Schweinfurt, Ingolstadt, Memmingen, Kempten u.a.) weisen - trotz des relativ hohen Anteils der über 64-jährigen an der Einwohnerzahl - einen überdurchschnittlichen Pkw-Besatz auf, was, neben einem ungenügenden Angebot an öffentlichen Verkehrsmitteln in diesen Städten, auf andere Sozial- und Berufsstrukturen hinweist.

Einen deutlich überdurchschnittlichen Pkw-Besatz weisen auch die Alpenvorlandkreise, wie z.B. Starnberg, Bad-Tölz-Wolfratshausen, Miesbach und Berchtesgadener Land auf. Hier spielt das dort herrschende relativ hohe Einkommensniveau (vermehrte Anschaffung von Zweit- und Drittwagen) eine wichtige Rolle (vgl. auch Karte 15), bei den an München angrenzenden Kreisen auch die charakteristische Alters- und Sozialstruktur des Zuwanderungsgebietes am Rande des Agglomerationsraumes. Dieser Stadt-Rand-Wanderungseffekt läßt sich in den meisten Umlandkreisen der Verdichtungsräume nachweisen (z.B. Kreis München, Augsburg, Fürth, Nürnberger Land, Schweinfurt, Aschaffenburg u.a.). Hier wohnt eine Bevölkerung mit hohen Anteilen im erwerbsfähigen Alter und überdurchschnittlichem Einkommensniveau, die in hohem Maße in den Kern des Verdichtungsraumes pendelt und stark motorisiert ist. Der überdurchschnittliche PKW-Besatz ist jedoch auch auf jene Personen zurückzuführen, die aus steuerlichen Gründen ihren PKW in der Gemeinde ihres Freizeitwohnsitzes anmelden.

In den strukturschwachen Regionen (vor allem im nord- und ostbayerischen Zonenrandgebiet) weisen die Landkreise einen relativ niedrigen Pkw-Besatz auf. In den meisten Fällen korreliert der geringe Motorisierungsgrad der Bevölkerung mit einem niedrigen bis sehr niedrigen Anteil der "motorisierungsfähigen Bevölkerung". Die Anteile der unter 18-jährigen und/oder der über 64-jährigen liegen besonders in den Landkreisen Rhön-Grabfeld, Kronach, Hof, Tirschenreuth, Cham, Regen, Freyung-Grafenau u.a. weit über dem Landesdurchschnitt; auch das geringere Einkommensniveau trägt hier zum niedrigeren PKW-Besatz bei.   G. Lelkes

Karte 63
PKW–Besatz 1984

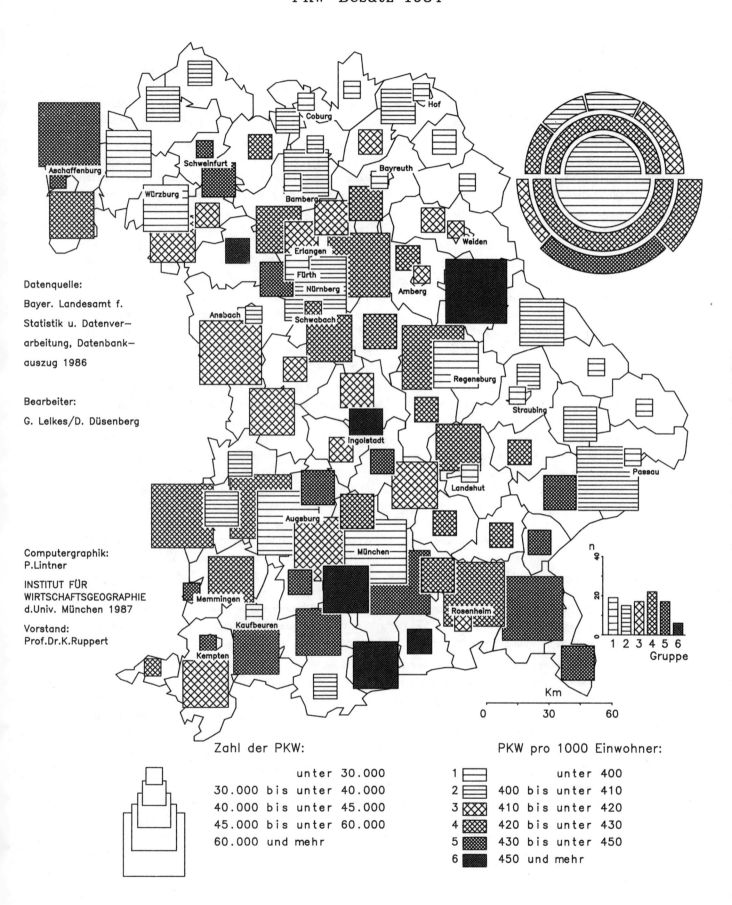

Bayern – aktuelle Raumstrukturen im Kartenbild

Karte 64/65: Volksschüler und Gymnasiasten 1984

Die Versorgung der Teilräume Bayerns mit Volksschulen, Realschulen und Gymnasien ist in etwa ausgeglichen. Unterschiedliche Anteile von Gymnasiasten (bzw. umgekehrt von Volksschülern und von den hier nicht dargestellten Realschülern) gehen in aller Regel nicht auf Versorgungsmängel zurück, sondern auf unterschiedliches Bildungsverhalten der Bevölkerung.

Der Anteil der Volksschüler an der Gesamtschülerzahl liegt im Landesdurchschnitt selbstverständlich weit über demjenigen der Gymnasiasten und Realschüler, da hier Grund- und Hauptschüler, d.h. alle Jahrgangsklassen, zusammengefaßt sind. Der Anteil der Gymnasiasten ist jedoch besonders in den letzten zwei Jahrzehnten sehr stark angestiegen, da jährlich zunehmende Anteile von Schülern nach dem Besuch der Grundschule an ein Gymnasium überwechselten. Zum einen wurden die Eltern im Zuge einer Bildungsmobilisierung seit Mitte der 60er Jahre angeregt, ihren Kindern höhere Schulabschlüsse zu ermöglichen und ihnen somit bessere Berufs- und Aufstiegschancen zu eröffnen. Um das gewünschte Ergebnis zu erreichen, wurden von Seiten des Staates für den Bau und Betrieb neuer, flächendeckend über das Land verteilter Gymnasien (und Realschulen) beträchtliche Finanzmittel zur Verfügung gestellt. Zum anderen stiegen (teilweise als Folge des "Bildungsbooms", teilweise wegen der angespannten Situation am Lehrstellen- bzw. am Arbeitsmarkt) in den vergangenen Jahren die Ansprüche der öffentlichen und privaten Arbeitgeber an den Bildungsgrad der Lehrlinge (Auszubildenden) und der zur Neueinstellung anstehenden Bewerber.

Bei der Verteilung der Anteile der Volksschüler an der Gesamtschülerzahl fällt sofort ein Stadt-Land-Gefälle auf. Hohe bis sehr hohe Volksschüleranteile in agrarisch strukturierten Kreisen stehen niedrigen bis durchschnittlich hohen Volksschüleranteilen in den Ballungsräumen und kreisfreien Städten gegenüber. Die höchsten Volksschüleranteile weisen einige nordbayerische Landkreise auf. Es handelt sich überwiegend um solche, in denen der Anteil der Landwirtschaft an der Bruttowertschöpfung noch über 10% betrug (vgl. Karte 34). Auch jene Landkreise, in denen der Volksschüleranteil zwischen 70 und 80% liegt, sind in der Regel noch stärker agrarisch strukturiert (in Ostbayern sowie in Westmittelfranken und in Teilen von Schwaben) (vgl. Karte 34). Die hohen Volksschüleranteile können allerdings keineswegs nur als Ergebnis des noch traditionelleren Bildungsverhaltens der Bevölkerung in ländlich geprägten Räumen interpretiert werden, sondern vielfach eher als Ausdruck der dörflich/kleinstädtischen Siedlungsstruktur mit starker Zentrierung auf Mittelzentren als Gymnasial- und Realschulstandorte. Da die Schülerzahlen nicht auf die Wohn-, sondern auf die Schulstandortgemeinden bezogen sind, erreichen naturgemäß solche Landkreise sehr hohe Werte, bei denen die besuchten Realschulen oder Gymnasien überwiegend oder sogar ausschließlich in einer kreisfreien Stadt als zuständigem zentralen Ort liegen.

Bei der Verteilung der Anteile der Gymnasiasten an der Gesamtschülerzahl läßt sich ein ähnliches Stadt-Land-Gefälle feststellen wie bei den Volksschülern, nur mit anderem Vorzeichen. Dort, wo die Volksschüleranteile besonders hoch liegen, also in den stärker landwirtschaftlich geprägten Landkreisen, ist der Anteil der Gymnasiasten besonders niedrig. Dagegen weisen alle kreisfreien Städte besonders hohe Anteile von Gymnasiasten auf. Hier zeigt sich das besondere Bildungsverhalten urbaner Bevölkerung, aber auch die zentralörtliche Funktion dieser Städte als Gymnasialstandorte für ihr Umland. Die Landkreise Würzburg, Schweinfurt und Bamberg besitzen beispielsweise gar kein Gymnasium. Als besonders bemerkenswert müssen die Landkreise der Region München genannt werden, deren urban geprägte Bevölkerung - zu einem hohen Anteil gehobenen Sozial- und Bildungsschichten zugehörig - ein Bildungsverhalten zeigt, das stark auf Gymnasialausbildung der Kinder ausgerichtet ist.

G. Lelkes

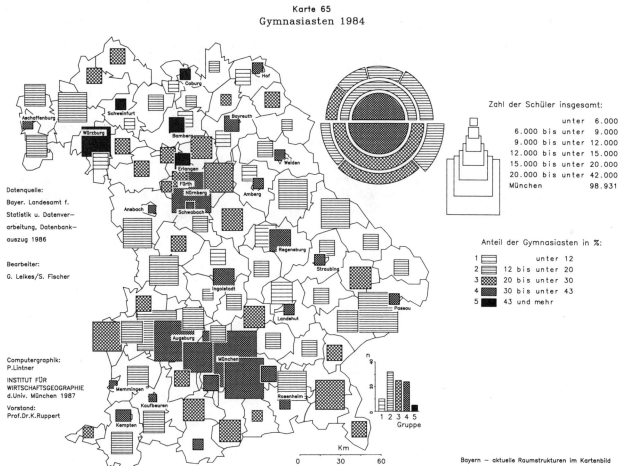

Karte 66: Übertrittsquoten an Gymnasien im Schuljahr 1981/1982

Die Karte zeigt - neben den Schülerzahlen in der 4.Jahrgangsstufe der Grundschule - die Übertrittsquoten an Gymnasien in den Stadt- und Landkreisen, d.h. die Prozentanteile der Übertritte in ein Gymnasium an der Gesamtschülerzahl der 4. Jahrgangsstufe. Die Daten basieren auf Untersuchungen von Nowey über das Bildungsverhalten in Bayern. Nowey hat in seinen Untersuchungen aus der Kombination der Wirtschafts- und Sozialdaten der Landkreise und kreisfreien Städte einen "sozioökonomischen Berufs- und Bildungsstrukturindex" ("SBBS-Index") entwickelt, den er in 7 Stufen gliederte: Erhebungsbereiche mit dem SBBS-Index 1 haben die

- niedrigsten Erwerbstätigenanteile im Handel und im Dienstleistungsbereich sowie bei den Beamten und Angestellten, die
- höchsten Bevölkerungsanteile mit Hauptschulabschluß und
- die niedrigsten Bevölkerungsanteile mit mittlerer Reife und Abitur.

Erhebungsbereiche mit dem SBBS-Index 7 (urbane Lebensform) sind durch entsprechende Kehrwerte (z.B. höchste Beamtenanteile) definiert. Der SBBS-Index 4 charakterisiert eine durchschnittliche sozioökonomische Berufs- und Bildungsstruktur.

Zwischen den Übertrittsquoten in Gymnasien und den Berufs- und Bildungsstrukturen in den jeweiligen Kreisen besteht ein signifikanter Zusammenhang. Bei 9 von 10 Untersuchungseinheiten korreliert der Durchschnittswert der SBBS-Indizes aller Gemeinden eines Kreises bzw. der SBBS-Index einer kreisfreien Stadt weitgehend mit der Höhe der Übertrittsquote des betreffenden Raumes. Es gilt im allgemeinen, daß Untersuchungseinheiten mit den SBBS-Indizes 1 - 3 Übertrittsquoten von weniger als 25%, Untersuchungseinheiten mit den SBBS-Indizes über 3 - 5 Übertrittsquoten von 25 - unter 30% und solche mit den SBBS-Indizes über 5 - 7 Übertrittsquoten von 30 - 40% und mehr aufweisen.

Nur wenige Untersuchungseinheiten weisen eine sehr starke Abweichung des SBBS-Index vom Bildungsverhalten - entweder nach oben oder nach unten - auf. In den Landkreisen Ebersberg, Bayreuth, Erlangen-Höchstadt, Fürth, Nürnberger Land, Schweinfurt und Würzburg, die durch ihre Randlage im Verdichtungsraum charakterisiert sind, liegen die Übertrittsquoten im Vergleich zum SBBS-Index unverhältnismäßig hoch. Bei diesen Landkreisen läßt sich deutlich der urbane Einfluß auf das Bildungsverhalten der Bevölkerung zeigen. Die Übertrittsquoten liegen hier ähnlich hoch wie durchgehend in den kreisfreien Städten, in denen in aller Regel über 1/3, teilweise über 40% aller Kinder nach dem Besuch der Grundschule in das Gymnasium überwechseln. Die höchsten Werte überhaupt weisen Gemeinden in den Landkreisen München, Starnberg und Fürstenfeldbruck auf, die durch hohe Anteile sozialer Mittel- und Oberschicht bzw. hohe Akademikeranteile an der Bevölkerung geprägt sind. Hier ist der Besuch eines Gymnasiums inzwischen fast der Regelfall geworden (Übertrittsquoten um 2/3).

G. Lelkes

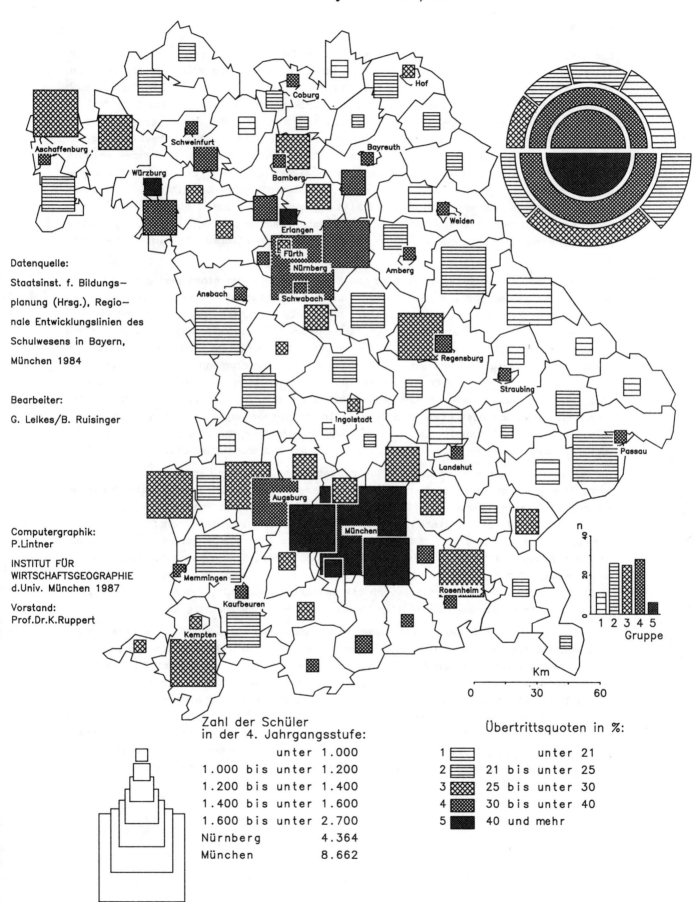

Karte 67: Kindergartenplätze 1985

Die Karte zeigt die Kindergartenplätze in absoluter Zahl sowie bezogen auf 1000 Einwohner. Ein erster Blick weist auf eine sehr ungleichmäßige Verteilung der Kindergartenplätze hin. Während im Nordwesten und Westen die Zahl der Kindergartenplätze sowohl absolut als auch relativ deutlich über dem Landesdurchschnitt (21 Plätze/1000 Ew.) liegt, ist ihre Zahl in den übrigen Gebieten Bayerns eher unterschiedlich. Setzt man die Kindergartenplätze in einem Kreis ins Verhältnis zum Anteil der unter 6-jährigen an der Wohnbevölkerung, so ergibt sich ein ähnliches Bild. Es ist dabei interessant, daß Kreise mit einem relativ hohen Anteil der unter 6-jährigen an der Wohnbevölkerung (7,0 - 8,1%, bei einem Landesdurchschnitt von 6,1%) in Ostbayern ein mehr oder minder starkes Defizit an Kindergartenplätzen aufweisen, während Landkreise in Mittel- und Unterfranken, die ebenfalls einen hohen Anteil dieser Altersgruppe an ihrer Einwohnerzahl aufweisen, einen leichten bis starken Überschuß an Kindergartenplätzen haben, jeweils verglichen mit den Landesdurchschnitt.

Nur die Landkreise Berchtesgadener Land und Miesbach weisen bei einem geringen Anteil der unter 6-jährigen an der Wohnbevölkerung (unter 5,8%) ebenfalls eine geringe Zahl von Kindergartenplätzen auf. In den Landkreisen Mühldorf, Rosenheim, Deggendorf und Dingolfing-Landau liegt der Anteil dieser Altersgruppe an der Einwohnerzahl zwischen 5,8 und 7,0%, bei einem gleichzeitig unterdurchschnittlichen Anteil an Kindergartenplätzen. Im Umland von Verdichtungsräumen ist die Versorgung mit Kindergartenplätzen im allgemeinen durchschnittlich bis leicht überdurchschnittlich. Die kreisfreien Städte sind - mit Ausnahme (z.B. Passau) - ausreichend bis sehr gut mit Kindergartenplätzen versorgt. Daher kann man, neben dem oben erwähnten Gefälle in der Versorgung mit Kindergartenplätzen zwischen West- und Ostbayern, im Falle der Regierungsbezirke Oberbayern, Niederbayern und Oberpfalz auch von einem Stadt-Land-Gefälle in dieser Beziehung sprechen.

Zur Erklärung der unterschiedlichen Kindergartenausstattung der bayerischen Stadt- und Landkreise sind vor allem siedlungs- und bevölkerungsstrukturelle Gegebenheiten heranzuziehen. Auf letzteres gehen vor allem die vielerorts erkennbaren Stadt-Land-Unterschiede zurück. Insbesondere in Gebieten mit noch höheren Anteilen landwirtschaftlich tätiger Bevölkerung ist die Nachfrage nach Kindergartenplätzen oft relativ gering, da die Kinder im entsprechenden Alter ganz überwiegend zu Hause, vielfach auch von den Großeltern betreut werden. Neben dieser zum Teil noch vorhandenen Struktur der Drei-Generationen-Familie spielt selbstverständlich auch die Tatsache eine Rolle, daß Frauen wesentlich seltener als in städtisch-industriellen Räumen außer Haus erwerbstätig sind.

Zum starken Unterschied zwischen gewissen fränkischen und altbayerischen Gebieten trägt darüberhinaus auch die vorherrschende Siedlungsstruktur bei. Im fränkischen Raum mit überdurchschnittlicher Kindergartenversorgung herrschen Dörfer und Kleinstädte, also geschlossene Siedlungsformen vor. Hier wird ein Kindergartenbesuch von Kleinkindern wesentlich erleichtert im Vergleich zu den in Altbayern, insbesondere in Niederbayern, verbreiteten Streusiedlungsformen (Weiler und Einzelhöfe, vgl. Karte 21). Zusätzlich zu den erwähnten Erwerbs- und Familienstrukturen tragen also hier die disperse Siedlungsweise, die großen Entfernungen zum nächsten Kindergartenstandort mit entsprechenden Transportproblemen u.a. dazu bei, daß eine wesentlich geringere Nachfrage nach Kindergartenplätzen besteht.

G. Lelkes

Karte 67
Kindergartenplätze 1985

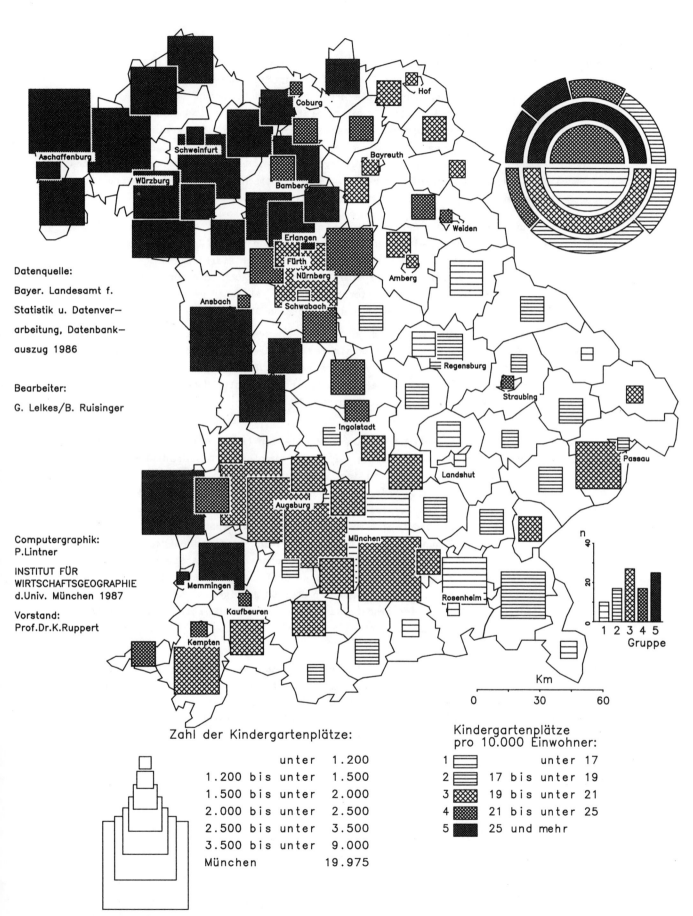

Bayern — aktuelle Raumstrukturen im Kartenbild

Karte 68/69: Altenheimplätze 1985

Karte 64 zeigt die Zahl der Altenheimplätze absolut sowie relativ (pro 100 Einwohner ab 65 Jahren). Bei der Betrachtung der Karte fällt sofort ein Stadt-Land-Gefälle in der Versorgung mit Altenheimplätzen auf. Während die kreisfreien Städte sowohl Süd- als auch Nordbayerns etwa gleichermaßen gut mit Altenheimplätzen versorgt sind (ca. 14 bzw. 13,5 Plätze/100 Ew. über 64 Jahre), erscheinen insbesondere diejenigen Landkreise, die weitab von den Verdichtungsräumen liegen und die weder zu den beliebtesten Feriengebieten zählen noch bekannte Kurorte besitzen, als unterversorgte Gebiete. Neben den Zentren der Verdichtungsräume sind teilweise auch die Umlandkreise mit städtisch geprägter Bevölkerung überdurchschnittlich ausgestattet (z.B. Kr. München, Roth, Nürnberger Land).

Die Ursachen für das Stadt-Land-Gefälle sind vielfältig. Zu nennen sind insbesondere der relativ hohe Anteil der über 64-jährigen an der Bevölkerung vieler Städte (zu erkennen an hohen absoluten Werten), daneben vor allem die noch wesentlich stärkere Tendenz der Bevölkerung in ländlich/landwirtschaftlich strukturierten Räumen, auch im Alter im Familienverband zu verbleiben. Die Nachfrage nach Altersheimplätzen ist daher gerade in den peripheren ländlichen Räumen wesentlich geringer als in größeren Städten.

Auffällig ist der relativ gute Versorgungsgrad des Alpenraumes und anderer Fremdenverkehrsgebiete (z.B. Fichtelgebirge und Landkreis Bad Kissingen) mit Altenheimplätzen. Hier zeigt sich das Bestreben der Träger, die Altenheime durch ihren Standort in landschaftlich besonders reizvollen Gegenden bzw. in beliebten Kurorten für alte Menschen noch attraktiver zu machen. Dementsprechend finden wir in diesen Räumen auch besonders viele Altenheime privater Träger.

Die absolute und relative Verteilung der Krankenhausbetten (Karte 69) zeigt ein ähnliches Muster wie die oben geschilderte Verteilung der Altenheimplätze. Das Stadt-Land-Gefälle bei der Versorgung mit Krankenhausbetten ist jedoch noch stärker ausgeprägt als bei der Versorgung alter Menschen mit Altenheimplätzen, da gerade Krankenhäuser zu den Einrichtungen zählen, die im Sinne des Zentrale-Orte-Konzeptes der Landesplanung stark konzentriert wurden. Die kreisfreien Städte weisen etwa gleich große Krankenhausbettendichten auf, wobei die beste Versorgung in dieser Hinsicht nicht in den drei größten Städten (München, Nürnberg und Augsburg) zu verzeichnen ist, sondern in Ansbach (617/ 10 000 Ew.), im Landkreis Bad Kissingen (557/10 000 Ew., Kurort) und in Erlangen (487/10 000 Ew., Universitätskliniken). Der relativ hohe Anteil der über 64-jährigen an der Bevölkerung der kreisfreien Städte bedingt zwar eine erhöhte Nachfrage nach Gesundheitsleistungen, aber im wesentlichen wird das Verteilungsbild durch die zentralörtliche Versorgungsstruktur gekennzeichnet.

Eine Ausnahme stellen Landkreise dar, in denen sich viele Kur- und Erholungsorte befinden (Bad Kissingen, Berchtesgadener Land, Rosenheim, Miesbach und Garmisch-Partenkirchen). Sie weisen - bedingt durch die vielen Kurkrankenhäuser - ebenfalls eine hohe Anzahl von Krankenhausbetten/10 000 Ew. auf. Hier ist allerdings vielfach kein direkter Bezug zur Einwohnerzahl gegeben, da die Krankenhäuser überwiegend überregionale Einzugsbereiche aufweisen.

G. Lelkes

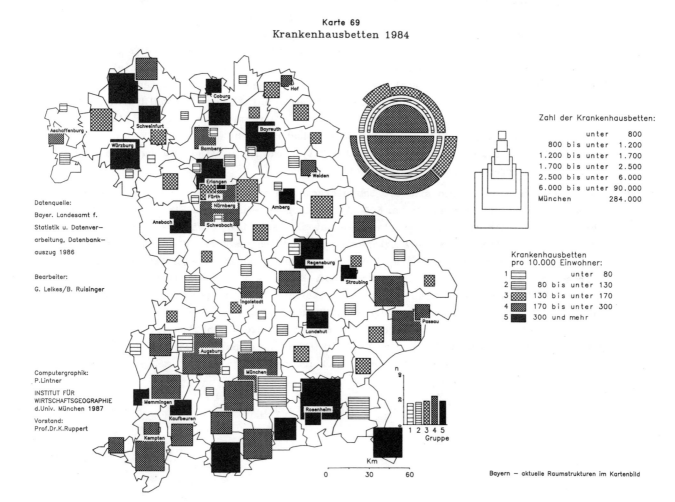

Karte 70/71: Eingesammelte Haus- und Sperrmüllmenge 1984 und Altglassammelmenge 1983

Das Aufkommen an Hausmüll und hausmüllähnlichen Abfällen betrug in Bayern 1984 ca. 4 Mio. t. Menge und Zusammensetzung des Hausmülls werden durch Gemeindegröße sowie durch Bevölkerungs- und Wirtschaftsstruktur eines Raumes wesentlich beeinflußt. Das Müllvolumen (23 Mio. m^3) hat sich in Bayern während des vergangenen Jahrzehnts um über 50% vergrößert. Selbst in den 80er Jahren ist die Müllmenge - trotz einer verstärkten Wiederverwertung von Rohstoffen - jährlich noch um ca. 2% gewichtsmäßig angewachsen. Stark verändert hat sich auch ihre Zusammensetzung, insbesondere beim Hausmüll. Hier nahm der Anteil an Glas, Papier, Kunststoffen und Problemabfällen erheblich zu. Gut 50% des Hausmülls machen heute allein die Verpackungen aus.

Rund 30% der Bewohner Bayerns werden derzeit durch zentrale Deponien, 52% durch Müllverbrennungs- und 2% durch Kompostierungsanlagen entsorgt. Von nur noch 16% der Bevölkerung gelangt der Müll auf Übergangsdeponien. Diese Zahlen liegen im Vergleich zum Bundesdurchschnitt günstig.

Sehr unterschiedlich ist das regionale Hausmüllaufkommen. Karte 70 zeigt, daß dieses in den kreisfreien Städten größer ist als im Durchschnitt Bayerns. Auffällig sind v.a. die hohen Werte in den bedeutenderen bayerischen Fremdenverkehrsgebieten, v.a. im Alpenraum, wo die Touristen sowohl in der Winter- als auch in der Sommersaison große Abfallmengen zurücklassen. Ein Spitzenwert wird im Landkreis Garmisch-Partenkirchen mit 397 kg/Ew. erreicht. Im ländlichen Raum ist das Abfallaufkommen sonst überall geringer, was sich aus der Möglichkeit einer verstärkten Naßmüllkompostierung in Kleingärten, aber auch aus dem im Vergleich zur städtischen Lebensweise anderen Konsumverhalten ergibt.

Besonders deutlich wird der Stadt-Land-Gegensatz bei der Entsorgung, wenn man die regionale Verteilung der Altglassammelmengen in Bayern betrachtet (Karte 71). Die Sammelmengen hängen hier sehr stark von der Motivation der Bevölkerung, der Altglascontainerdichte, dem Abfuhrrhythmus usw. ab. Gute Sammelergebnisse werden in den Verdichtungsräumen München, Augsburg und Nürnberg, im nördlichen Oberfranken sowie im Allgäu erzielt. In den Verdichtungsräumen ist in der Regel das Containernetz enger als im ländlichen Raum, so daß schon aus diesem Grund, aber auch durch den höheren Anfall von Einweggläsern, größere Sammelmengen entstehen. Deutlich zum Ausdruck kommt die räumliche Nähe großer Altglasnachfrager, so etwa der Glashütte Oberland GmbH in Bad Wurzach, welche den SW Bayerns entsorgt, oder die Glashütten Steinbach a. Wald, Tettau und Kleintettau, die im nordöstlichen Oberfranken ensprechend hohe Recyclingquoten bedingen.

In den letzten Jahren haben sich die Sammelergebnisse im ländlichen Raum wesentlich verbessert. In ganz Bayern sind nun ca. 6000 Altglassammelbehälter im Einsatz. Die für eine Verwertung getrennt gesammelte Altglasmenge hat sich seit 1978 etwa versechsfacht. Der in Bayern aus Haushalten stammende Altglasanteil beträgt insgesamt ca. 30%, womit die Verwertungsquote deutlich über dem Bundesdurchschnitt von knapp 25% liegt. 130 000 t Altglas gelangen somit wieder in den Rohstoffkreislauf. Etwa 80% der zurückgeführten Glasscherben stammen aus Containersammlungen. Die durchschnittliche Sammelmenge pro Kopf und Jahr liegt in Bayern derzeit bei 12 kg. Durch die Rückführung dieser Altglasmenge ließ sich der zu beseitigende Hausmüll um rd. 5% verringern. Es konnten die Glashütten ferner Primärrohstoffe wie Quarz, Soda, Kalk, aber auch ca. 10 000 l Öl einsparen. Außerdem haben sich die Staub- und Schwefelabgaben der Glaswannen merklich reduziert.

H.-D. Haas

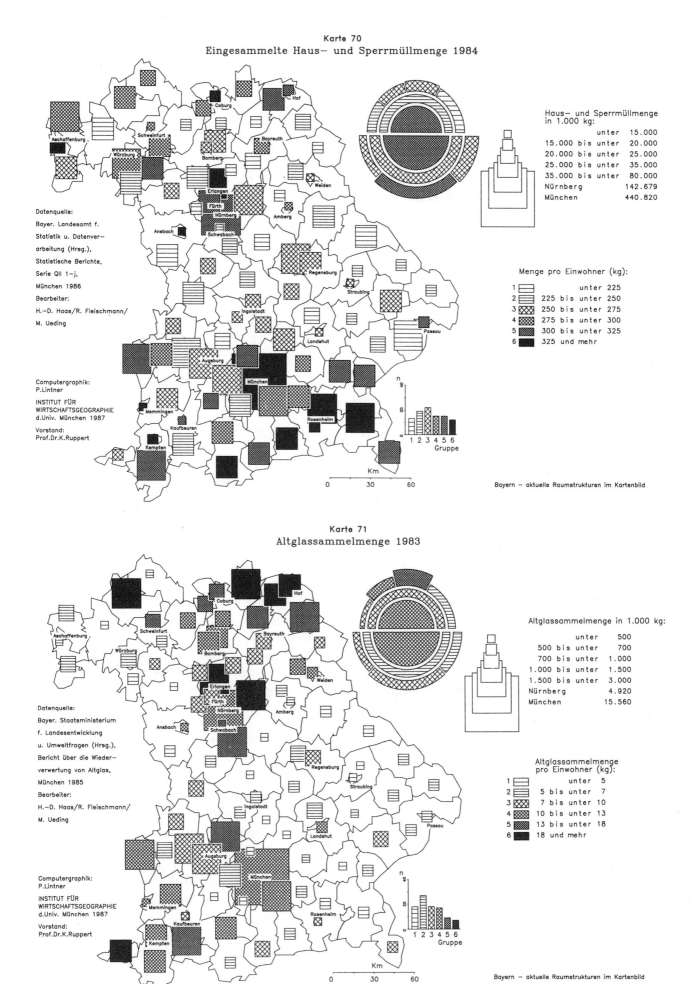

Karte 72: Breitband-Kabelanschlüsse (Potential) 1985

Die Deutsche Bundespost besitzt das Netzmonopol für die gesamte Telekommunikationsinfrastruktur in der Bundesrepublik Deutschland. Hierunter fällt auch der Betrieb des öffentlichen Rundfunk- und Fernsehnetzes. Bis vor wenigen Jahren wurden Programme meist auf terrestrischem Wege und leitungsungebunden dem Hörer bzw. Fernsehteilnehmer übertragen. Technische und rechtlich-organisatorische Veränderungen haben die audio-visuelle Medienlandschaft Mitte der 80er Jahre stark gewandelt. Satellitenfernsehen, digitalisierter Rundfunkempfang sowie die Zulassung privater Rundfunk- und Fernsehanbieter haben die nationalstaatlichen Verbreitungsgrenzen längst überschritten und zu einem rapiden Anstieg regional unterschiedlicher Programmwahlmöglichkeiten geführt (vgl. Tabelle).

Satellitenfernsehempfang in der Bundesrepublik (März 1987)

Länder	Teilnehmer am Satelliten-u. Kabelfernsehen	SAT 1	RTL-Plus	Sky-Channel	Britische Musikbox	RA5	3SAT	Deutsche Musikbox	ARD 1Plus	Bayern drei	WDR drei
Baden-Württemberg	288 000	x	x	x	x		x	x	x	x	x
Bayern	473 000	x	x	x	x	x	x	x	x		
Berlin	257 000	x	x	x	x		x	x	x	x	x
Bremen	53 000	x	x	x			x	x	x	x	x
Hamburg	51 000	x	x	x	x	x	x	x	x	x	x
Hessen	155 000							x			x
Niedersachsen	297 000	x	x	x	x	x	x	x	x	x	x
Nordrhein-Westfalen	457 000	x	x	x	x		x	x	x	x	x
Rheinland-Pfalz	162 000	x	x	x	x	x	x	x	x	x	x
Saarland	29 000	x	x	x	x		x	x	x	x	
Schleswig-Holstein	90 000	x	x	x	x	x	x	x	x		
Ende 1986	2 312 000										
Europaweit		1153 000	2315 000	700 000	5062 000	3500 000	1056 000	835 000	623 000		

Quelle: FAZ 3/87

1983 begann die Bundespost mit einer flächendeckenden Verkabelung der Haushalte mit Kupferkoaxialkabel zur leitungsgebundenen Übertragung von Rundfunk- und Fernsehprogrammen. Die räumliche Investitionspolitik der Bundespost kann für den Diffusionsprozeß der Verkabelung nicht eindeutig beschrieben werden. Akzeptanzhoffnungen, technischer Beilauf und betriebswirtschaftliche Überlegungen (z.B. Bevölkerungsdichte einer Gemeinde) haben in einzelnen Räumen unterschiedliche Bedeutung erlangt. Die Gemeinden selbst haben keine Mitwirkungs- oder Einspruchsmöglichkeiten bei der anstehenden Verkabelung. Ein erweitertes Programmangebot wird durch die Klärung inhaltlicher und betrieblicher Unsicherheiten nach dem Medienstaatsvertrag durch die Bundesländer vom März 1987 erwartet.

Karte 72 zeigt, in welchem Umfang die Bundespost Breitbandkabel bereits an Wohngebäude herangeführt hat, woraus sich für die einzelnen Haushalte Anschlußmöglichkeit (Potential), jedoch kein Anschlußzwang ergibt. Mit Ausnahme von Ostbayern sind vor allem in den Mittelzentren (meist auch kreisfreie Städte) mehr als 30% der Wohneinheiten bereits anschließbar, in einigen Städten bereits über 60%. Insgesamt liegen die Räume mit überdurchschnittlicher Verkabelung meist in Südbayern sowie in Unterfranken. Neben technischen Aspekten (z.B. Abschattungsgebiete) scheinen wirtschaftliche Hintergründe (z.B. Kaufkraft der Bevölkerung, Fremdenverkehrsgebiete) und damit verbundene Akzeptanzhoffnungen der Post die räumlich-zeitliche Verteilung der Investitionen beeinflußt zu haben.

In den einzelnen Regierungsbezirken wurde in sehr unterschiedlichem Maße für Hausanschlüsse geworben. Ähnlich wie bei der Einführung von Bildschirmtext waren im Regierungsbezirk Schwaben besonders rege Aktivitäten zu beobachten, die auch von Verbänden, Kammern und Gebietskörperschaften unterstützt wurden. Dieses unterschiedliche "Innovationsbewußtsein" zeigt sich deutlich an generell höheren Anschlußquoten in Schwaben im Vergleich zu Oberbayern. Je größer die Siedlungsgebilde, v.a. unter den kreisfreien Städten, um so eher ist zu berücksichtigen, daß hier keine flächendeckende, sondern inselartige Verkabelungen vorliegen, deren Bevölkerung sehr unterschiedlich strukturiert sein kann.   P. Gräf

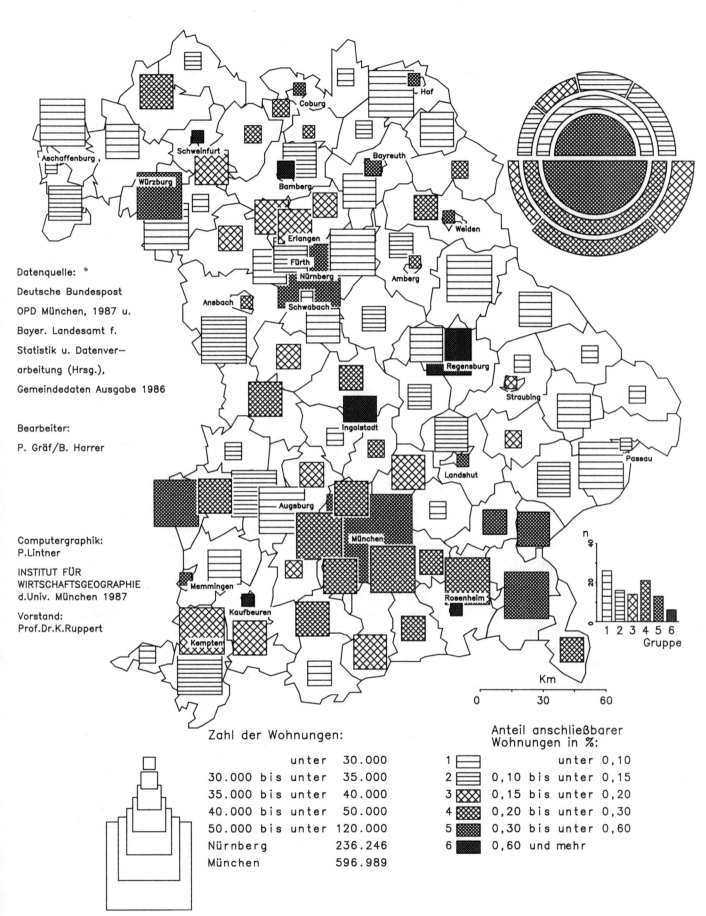

Karte 73: Nutzungsquote der Breitband-Kabelanschlüsse 1986

Parallel zum fortschreitenden Ausbau des Breitbandkabelnetzes (vgl. Karte 72) wurden in einigen Verdichtungsräumen der Bundesrepublik (in Bayern: München) "Kabelpilotprojekte" durchgeführt, um Erfahrungen in der Akzeptanz von Kabelrundfunk- und -fernsehen zu sammeln. Die Teilnehmerzahlen stiegen in der Regel jedoch weit weniger dynamisch als von den Programmanbietern erwartet wurde. Die Ursachen waren vielfältig: Ausdünnung des Programmangebots wegen zu geringer Werbungseinnahmen der Programmanbieter, Verunsicherung über die langfristige Gebührenpolitik der Post für Kabelanschlüsse, zu geringer Anteil lokaler Informationen, zu schmale Zielgruppen für die Programminhalte sowie nicht zuletzt sehr unterschiedliche Programmzulassungspraktiken in den einzelnen Bundesländern.

Kabelhaushalte sahen im Schnitt 1986 10% länger Fernsehen als die übrigen Fernsehhaushalte (Geräteeinschaltdauer pro Tag 228 Minuten zu 200, Sehdauer der Erwachsenen 149 Minuten zu 132, Tagesreichweiten der Erwachsenen 74% zu 70%).

In der Situation der Münchner Fernsehhaushalte hat sich bei den Kabelhaushalten folgende Verschiebung der Sehgewohnheiten ergeben:

Programmreichweiten (Haushalte pro Durchschnittstag) 1985 in München

REICHWEITEN	40-u.30%	30-u.20%	20-u.10%	10-u.5%	5-u.1%	1%u.w.
Kabelhaushalte mit Vollabonnement	-	ARD ZDF	SAT 1	Bayern III ORF 2 BY-Kabel 3 SAT	ORF 1 MPK ZDF-Mu. Sky-Channel mbt-Zeit. musicbox Kl.Theater	Multitel TV 5
Fernsehhaushalte ohne Kabel	ARD ZDF	-	-	Bayern III	ORF 1 ORF 2	

Quelle: Ronneberger, media-Perspektiven 4/86   Entwurf: P. Gräf

Die räumliche Verbreitung der unterschiedlichen Nutzungsquoten zeigt in Karte 73 keineswegs ein Abbild zentralörtlicher Stufung, vielmehr ist gerade im Verdichtungsraum München die Quote relativ gering. Die ursächlichen Hintergründe dieser differenzierten Entwicklung sind landesweit kaum typisierbar. Einerseits scheinen finanzielle Hürden von Bedeutung: zusätzliche Gebührenbelastung und Anschaffung kabeltauglicher Fernsehgeräte. Andererseits korrelieren hohe Nutzungsquoten sehr stark mit einer überdurchschnittlichen Verbreitung von Videorekordern. Die hohe Adoptionsquote in ländlichen Räumen zeigt indikatorhaft, in welchen Gebieten Fernsehen aus Eigeninteresse oder wegen fehlender Freizeitalternativen zu einer dominierenden und weiter anwachsenden Freizeitbeschäftigung geworden ist. In Videohaushalten kommen zu den o.a. Einschaltzeiten bei 30% der Haushalte noch 31 Minuten an Videosehzeit hinzu.

Eine mögliche Perspektive weiterer Diffusion der Kabelnutzung mögen Erfahrungen aus Belgien bieten, wo bereits mehr als 80% der Haushalte an das Kabel angeschlossen sind. Dort sehen ein Fünftel der 8-jährigen Kinder bereits zwei Stunden Video bzw. Fernsehen, knapp das Doppelte der Verhältnisse in der Bundesrepublik, aber nur knapp die Hälfte der Gewohnheiten in den USA. Für eine weitere Diffusion der Kabelprogrammabonnenten werden bis Ende der 80er Jahre die Investitionsmöglichkeiten der Post im Kabelnetz, die direkte Empfangbarkeit von Satellitenprogrammen, die Einführung von Pay-TV und nicht zuletzt die wirtschaftliche Tragfähigkeit von Programmanbietern eine wesentliche Rolle spielen.   P. Gräf

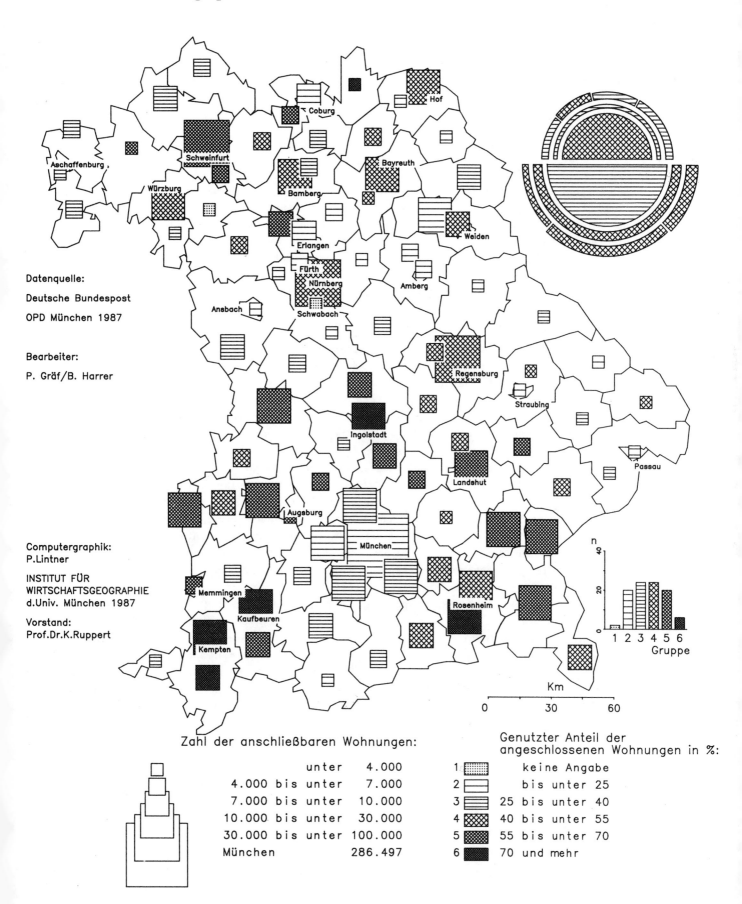

Karte 73
Nutzungsquote der Breitband – Kabelanschlüsse 1986

Bayern – aktuelle Raumstrukturen im Kartenbild

Karte 74: Telematikadoption (Telefax, Teletex, Btx) 1985

Vermittelte, dialogbezogene Telekommunikation hat sich bis Mitte der 70er Jahre zweier Netze (Telefon- und IDN-Netz) und der Dienste Telefon, Telex und Datenübertragung bedient. Für Netze und Dienste hat die Deutsche Bundespost das Betriebsmonopol. Ab 1976 wurden auf den bestehenden Netzen neue Dienste schrittweise eingeführt:

Telefonnetz:	Telefax (1979)	= Fernkopieren
	Btx (1984)	= Bildschirmtext
IDN-Netz:	Datel-Dienste (1976)	= Datenfernübertragung Datex P u. Datex-L
	Teletex (1981)	= elektronisches Fernschreiben

Das Angebot dieser Dienste eröffnet v.a. für betriebliche bzw. berufliche Nutzung eine Vielzahl neuer Kommunikationswege. Der mögliche distanzneutralisierende Effekt solcher Kommunikationsformen hat Mitte der 80er Jahre zu einer Flut spekulativer Szenarien über die Raumwirksamkeit der Telekommunikation, insbes. der Telematik (Zusammenwachsen von Telekommunikation und Informatik) geführt. Wenn auch heute technologische Diffusionsprozesse rascher ablaufen dürften als bei der Verbreitung des Telefons, liegen zwischen den Erstadoptoren und einer Marktsättigung immer noch Zeiträume von Jahrzehnten. Die wahrscheinlich die künftige Nutzung sehr fördernde Digitalisierung aller Telekommunikationsnetze und -dienste (ISDN-Netz) wird ebenfalls schrittweise erst ab 1988 aufgebaut.

Karte 74 versucht somit in der Anfangsphase einer Diffusion die Anwender der neuen Dienste Telefax, Teletex und Btx zu lokalisieren. Als Bezugsgröße, d.h. als gemeinsamer Nenner einer bevorzugt beruflich-gewerblichen Anwendung unter Betonung des Betriebshauptsitzes, wurde die Zahl der Umsatzsteuerpflichtigen gewählt. Für die drei o.a. Dienste lag die durchschnittliche Adoption in Bayern bei 2,66 pro 100 Umsatzsteuerpflichtige. Die meisten Landkreise bzw. kreisfreien Städte liegen in einem Bereich zwischen 1,0 bis unter 2,0. Ein Überblick über die Karte läßt keine eindeutige Entfernungsabhängigkeit oder Hierarchisierung der Anwenderstandorte erkennen. Städte, die bevorzugte Standorte des verarbeitenden Gewerbes sind, insbes. bei den Branchen Elektrotechnik, Elektronik und Datenverarbeitung, lassen eine weit überdurchschnittliche Adoptionsquote erkennen (z.B. München und Erlangen). Zahlreiche Dienstleistungsbranchen wie Unternehmensberatung, Anwaltskanzleien, Steuerberater, Banken und Versicherungen haben überdurchschnittliches Interesse schon kurz nach Einführung der Dienste gezeigt. Da diese Unternehmen überwiegend ihren Betriebsstandort in mittleren oder höheren zentralen Orten haben, treten die kreisfreien Städte als telematikinteressiertere Räume verstärkt in Erscheinung. Sortiert man Kreise und Städte nach siedlungsstrukturellen Raumtypen (vgl. Tab.), so zeigt zwar die zusammengefaßte Adoptionsquote überdurchschnittliche Werte in den Kernstädten, bei branchenspezifischer Betrachtung ist die räumliche Differenzierung der Adoptionsquote wesentlich vielfältiger. Im industriellen Bereich sind es meist Betriebe mit mehr als 100 Beschäftigten, die neue Kommunikationsdienste nutzen.

TELEMATIKADOPTION IN BAYERN 1985 (Teletex, Telefax, Btx)
Siedlungsstrukturelle Kreistypen

Kreistyp	Zahl Lkr. bzw. kreisfreie Städte	Adoption in % der USt-Pflichtigen gesamt ø	metallv. Gewerbe	TV-u. Elektrohandel	Verlage
Verd.raum Kernstadt	4	5,9	6,7	17,8	13,5
Verd.raum Verd.Umland	9	2,3	4,0	11,6	9,8
Verd.raum Ländl.Umland	4	1,3	2,4	11,3	15,8
Kernstadt Verd.ansatz	3	3,6	6,4	21,4	18,6
Kernstadt Ländl.Umland	18	1,8	7,2	18,5	30,6
Ländl.Reg., ungünstig	44	2,0	6,4	19,7	44,1
Ländl.Reg., günstig	14	2,2	5,8	18,5	33,3

Quellen: Eigene Auswertungen, Teilnehmerverzeichnisse der DBP; Bundesforschungsanstalt für Landeskunde und Raumordnung; Bayer. Landesamt für Statistik und Datenverarbeitung

P. Gräf

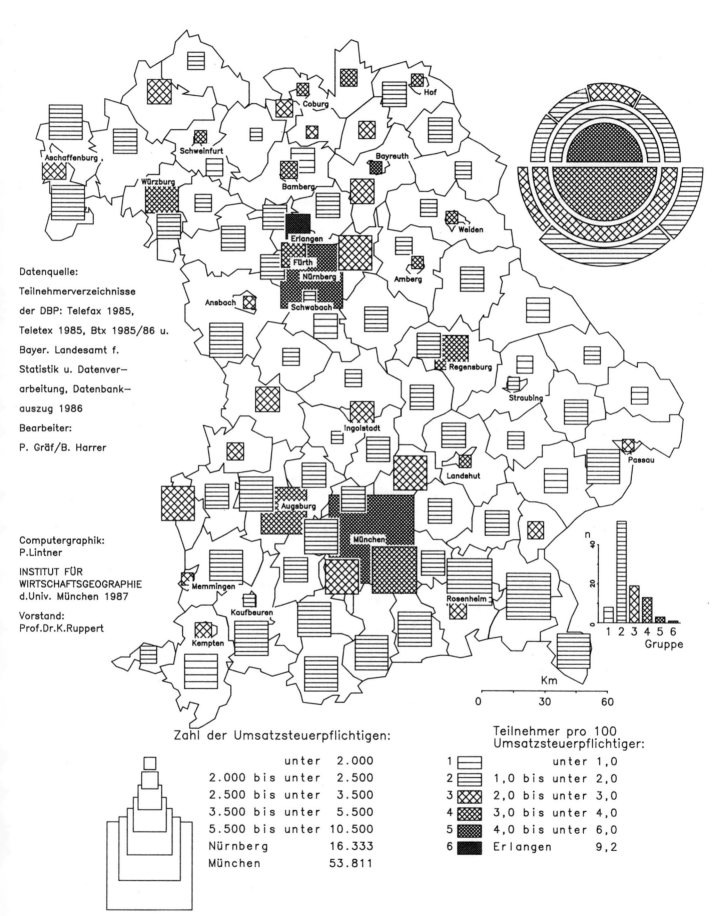

Karte 75: Regionale und lokale Abonnement-Tageszeitungen 1986

Print-Medien gehören neben Hörfunk und Fernsehen zu den wichtigsten Trägern der Informationsvermittlung. Die Tagespresse kann mit lokalen und regionalen Informationen das Bild der Rezipienten von ihrer Umwelt entscheidend prägen.

Die meisten Leser erwarten von einer Abonnement-Tageszeitung an erster Stelle Informationen über Ereignisse innerhalb ihres Aktionsraums, d. h. je nach Wohnort und Verflechtungsbeziehungen stärker regionale oder lokale Nachrichten. Ein großer Teil dieser Tageszeitungen erscheint heute mit einem gemeinsamen Mantel für überregionale Nachrichten, ohne daß dieser Konzentrationsprozeß die Verbreitung der lokalen Ausgaben wesentlich beeinflußt hat. Die wichtigste wirtschaftliche Stütze einer Tageszeitung, der Anzeigenmarkt, orientiert sich jedoch überwiegend nicht an der Mantelverbreitung, sondern gibt dort, wo er wohn- bzw. geschäftsortbezogen ist, wiederum ein Spiegelbild räumlicher Verflechtungen der Zeitungsabonnenten wieder. Je nach Zeitungstyp und Ausgabetag besteht der Inhalt der Tagespresse zu 30-60% aus Anzeigen.

Nach den Erhebungen des Stamm-Verlages ergab sich 1986 in Bayern ein sehr differenziertes Verbreitungsbild von regionalen und lokalen Abonnement-Tageszeitungen (Karte 75). Je nach Wohnstandort des Lesers können Abo-Zeitungen "multifunktionalen" Charakter aufweisen, d.h., sie können lokale, regionale und überregionale Funktionen aufweisen (z.B. Süddeutsche Zeitung). Das Strukturmuster der Karte zeigt einerseits das Ergebnis einer seit den 50er Jahren abgelaufenen Pressekonzentration im südwestbayerischen Raum sowie im östlichen Niederbayern. Andererseits ist aber auch das Beharrungsvermögen zahlreicher lokaler Blätter im nordbayerischen Raum zu beobachten. Häufiger als in Südbayern liegt in den nordbayerischen Gebieten keine eindeutige Identifikation mit ein oder zwei zentralen Orten vor, bzw. es kommt (Unterfranken) zu starken Verflechtungen mit dem benachbarten Bundesland, was auch in der Presselandschaft seinen Niederschlag findet. Einzeitungskreise sind - von wenigen kreisfreien Städten abgesehen - in Bayern eher die Ausnahme. Im Umkehrschluß ist jedoch in den Mehrzeitungskreisen nicht generell eine erwünschte Konkurrenz mehrerer Lokalzeitungen anzunehmen. Vielmehr decken sich in solchen Fällen die pressebezogenen Kommunikationsräume der Bevölkerung nicht mit den Landkreisgrenzen.

Konkurrenz oder Ergänzung können Abo-Tageszeitungen künftig durch lokalen Rundfunk erwachsen. Die Tabelle zeigt, in welchem Umfang sich bayerische Verlage (von 140 in der BRD) im Entstehen dieses Mediums beteiligt haben (Aktuelle Presse-Fernsehen GmbH 1985).

P. Gräf

Beteiligung an der Aktuelle Presse-Fernsehen GmbH & Co KG 1985

Verlag	Ort	Rang	Kapitaleinlage (Mio DM)
Süddeutsche Zeitung	München	4	2,054
Abendzeitung	München	7	1,637
Augsburger Allgemeine	Augsburg	9	1,354
Nürnberger Nachrichten	Nürnberg	11	1,307
Mainpost	Würzburg	16	0,770
Straubinger Tagblatt	Straubing	18	0,730
Donau-Kurier	Ingolstadt	28	0,439
Fränkischer Tag	Bamberg	29	0,438
Allgäuer Zeitungsverlag	Kempten	32	0,407
Fränkische Landeszeitung	Ansbach	37	0,295

Weitere Verlage in Bayreuth, Kulmbach, Immenstadt, Memmingen, Weißenburg, Mainburg, Schwabach, Bad Windsheim.
Quelle: Media Perspektiven, Daten zur Mediensituation in der BRD 1985

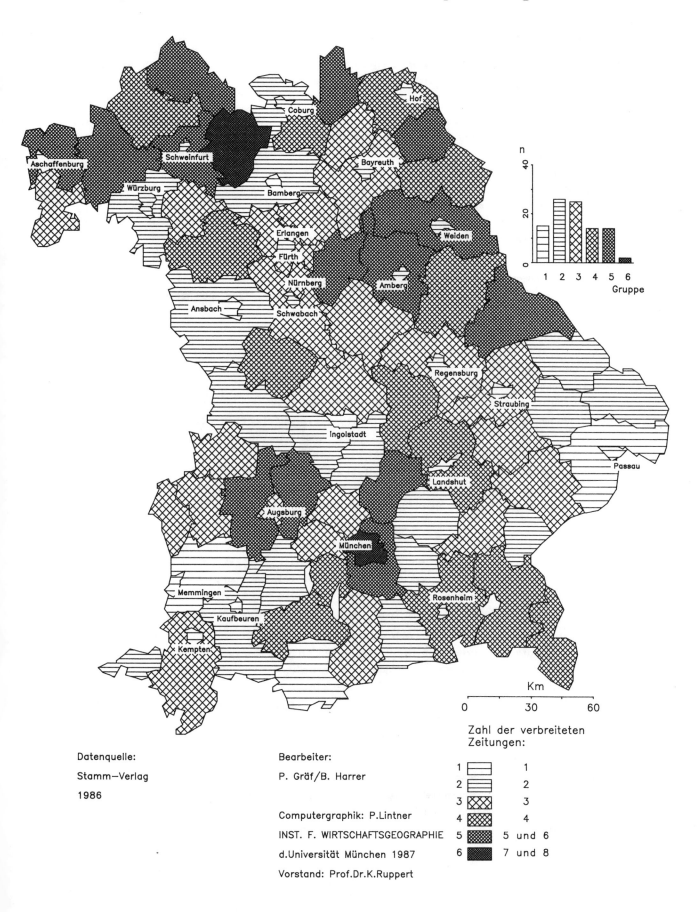

Karte 76: Anteile der Abonnement-Tageszeitungen an allen verkauften Tageszeitungen 1985

Die Tagespresse, das traditionelle Massenmedium, ist in der Medienlandschaft nach wie vor stark vetreten. Zwar sank die Zahl der redaktionellen Ausgaben in den letzten 30 Jahren kontinuierlich, erheblich gestiegen ist aber die verkaufte Auflage.

Zu unterscheiden ist von der Abonnement-Presse dabei die Straßenverkaufs-Presse. Beinhalten beide Typen im allgemeinen die gleichen Ressorts zuzüglich eines wirtschaftlich lebensnotwendigen Anzeigenteils, wird der Straßenverkaufs-Presse austauschbarer Raumbezug der Nachrichten und unterhaltender Charakter zugesprochen, während die Abonnement-Presse eher nüchtern und eindeutig raumbezogen Bericht erstattet. Daher dient letztere in größerem Maße zur Orientierung innerhalb des Aktionsraumes, obgleich in Bayern einige stadtbezogene Straßenverkaufs-Zeitungen (TZ-München und -Nürnberg, Bild-München und -Nürnberg) auch lokale Informationen bieten.

1984 erschienen in Bayern 266 redaktionelle Ausgaben von Tageszeitungen, davon nur fünf, die zu den Straßenverkaufszeitungen zählen. Allerdings betrug deren Anteil an der verkauften Auflage von werktäglich knapp 2,9 Mio. Exemplaren, vor allem durch die Bild-Zeitung, im Landesdurchschnitt 25%.

In Karte 76 treten die kreisfreien Städte deutlich hervor. Fast durchgehend sind hier die Anteile der Abonnement-Zeitungen niedriger als im Umland. Zentrale Orte als Träger funktionaler Einrichtungen bedingen vielfältige Wanderungsprozesse und ermöglichen dem Bewohner größere Aktionsreichweiten. Der Identifikationsraum wird größer, und der Stellenwert der räumlichen Bindung an Ereignisse in der unmittelbaren Nachbarschaft geringer. Dadurch, daß höhere zentrale Orte in der aktuelleren Berichterstattung in Hörfunk und Fernsehen naturgemäß immer einen Platz erhalten, sehen sich die regionalen und lokalen Tageszeitungen in diesen Orten Konkurrenz gegenüber, außerhalb hingegen besitzen sie nach wie vor das Monopol der lokalen Berichterstattung. Die Straßenverkaufs-Zeitungen mit ihrem sensationsbetonten Charakter übernehmen in oberzentralen Orten, in denen sie mit lokalen Ausgaben vertreten sind, die Funktion einer ergänzenden und unterhaltenden Informationsquelle.

Anders in den peripheren Räumen: In Gebieten, in denen vor der Pressekonzentration viele Heimatzeitungen erschienen, dies war im größten Teil Frankens und der Oberpfalz der Fall, sind auch heute die Anteile der Abonnement-Zeitungen relativ hoch; besonders trifft dies auf Mittelfranken zu. Sie treten nach wie vor dort zwar nicht anzahl- aber anteilsmäßig verstärkt auf, wo sie seit jeher ein persistenter Teil des täglichen Lebens sind.

Im Gegensatz dazu ist das traditionell mit Abonnement-Zeitungen schlecht versorgte südliche Bayern - trotz neugegründeter Regionalausgaben in den 70er Jahren vor allem in Oberbayern - ein Gebiet, in dem Straßenverkaufszeitungen die höchsten Anteile haben. Die Stadt München steht dabei mit einem Anteil von 66%, gefolgt vom Berchtesgadener Land mit 55%, an der Spitze. Die erwähnte Persistenz in der Bindung vom Leser an eine Abonnement-Zeitung findet hier ihren Umkehrschluß, denn hinter diesen Werten verbergen sich auch Einflüsse der Pendlerbeziehungen und Überlagerungen durch den Fremdenverkehr (Zeitungskauf am Arbeitsort, saisonaler Kauf am Fremdenverkehrsstandort).

Eine nicht zu unterschätzende Rolle spielen schließlich die Wanderungen. Die Leser-Blatt-Bindung ist in Zuwanderungsräumen wesentlich geringer als in eher statischen Räumen. So ergibt sich zwischen Oberbayern mit hohen Wanderungsgewinnen und Schwaben mit bedeutend kleineren eine markante Trennungslinie auch in Bezug auf die Anteile der Abonnement-Zeitungen.

R. Borsch

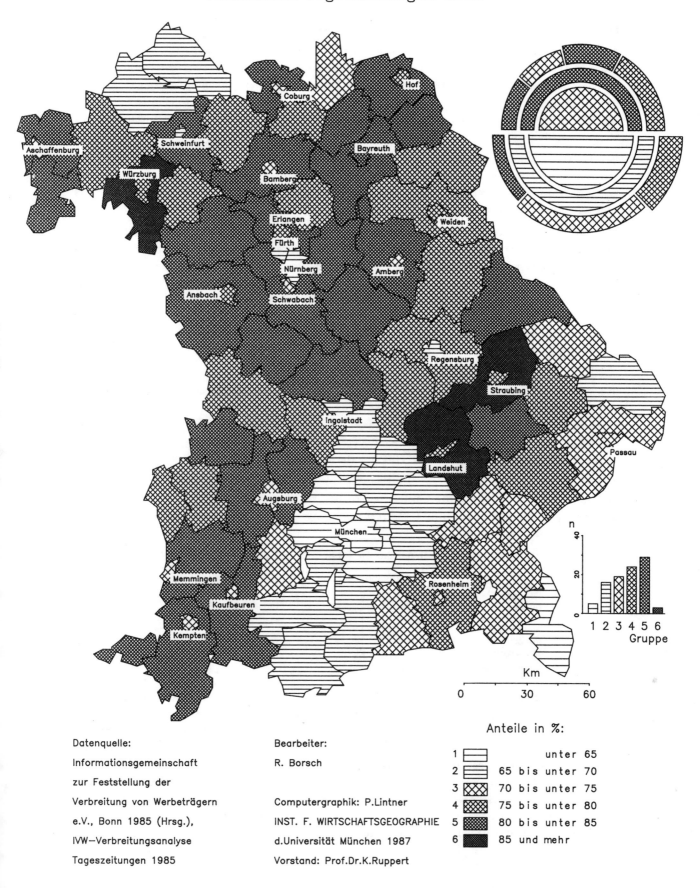

Karte 77: Verbreitung von Abonnement-Tageszeitungen 1985

Die Verbreitung von Tageszeitungen (Abonnement- und Kaufzeitungen) wird u.a. quartalsweise von der IVW-Verbreitungsanalyse erfaßt. Die kartographische Darstellung der Verbreitungsintensität steht vor der Problematik einer geeigneten Bezugsgröße. Zeitungen sind in erster Linie ein Informationsinstrument für Haushalte, darüberhinaus zusätzlich auch für zahlreiche Unternehmen (Dienst- und Geschäftsabonnements). Die Verbreitungsintensität der Abonnements hat relativ präzisen Bezug zum Wohn- bzw. Betriebsstandort.

Bei Karte 77 wurden die Daten des I. Quartals 1985 auf Kreisbasis herangezogen. Bei weniger als 50 verkauften Exemplaren einer Zeitung pro Kreis wurde ihr Wert bei der Kreisaddition nicht berücksichtigt. Da aktuelle Haushaltszahlen nicht vorliegen, wurde als haushaltsnahe Bezugsgröße "1 000 Wohnungen" gewählt.

Eine Interpretation des Verbreitungsmusters der Abo-Zeitungen muß nicht nur das Leserverhalten (z.B. hohe Affinität zu Boulevardpresse vgl. Karte 78) in die Betrachtung miteinbeziehen, sondern auch die Struktur der Verbreitung redaktioneller Ausgaben (siehe auch Karte 75). Ländlich geprägte Kreise des Allgäus, Ostbayerns und des westlichen Unterfranken weisen die relativ geringsten Verbreitungswerte von Tageszeitungen auf. In wirtschaftlich starken Mittel- und Oberzentren übersteigt die Zahl der verbreiteten Tageszeitungen meist die der Wohnungen, was überwiegend auf unternehmensbezogene Zeitungabonnements sowie auf eine relativ kleine Gruppe von Haushalten zurückzuführen ist, die mehr als eine Tagesabozeitung bezieht.

Die Verdichtungsräume München und Nürnberg-Fürth-Erlangen verzeichnen einen unterdurchschnittlichen Besatz mit Abonnementzeitungen. Hier werden u.a. Einflüsse der Sozialstruktur der Bevölkerung, des vergleichsweise hohen Ausländeranteils und der besonderen Charakteristik der Boulevardpresse dieser Räume sichtbar, die im Gegensatz zum allgemeinen Typus der Boulevardzeitung relativ viel lokale Information bietet.

Gerade in ländlichen Räumen ist das Leserinteresse außerordentlich stark auf das lokale Geschehen gerichtet, wobei die regionalen Bezüge meist nur auf das den Raum dominierende Oberzentrum gerichtet sind, nicht zuletzt auch unter dem Blickwinkel der Versorgungsbeziehungen (Anzeigenmarkt).

Zeitungsangebot in Großstädten (über 100 000 Einw.) Bayerns 1985

Stadt (Verlagsort)	Tagesabozeitungen	Straßenverkaufszeitungen
München	2	2
Nürnberg	2	2
Augsburg	1	-
Regensburg	1	-
Würzburg	1	-
Erlangen	2	-

Quelle: Medienbericht 85

Ein prägnantes Beispiel für das Fehlen einer lokal informierenden Straßenverkaufszeitung verbunden mit einer starken Versorgungsorientierung auf ein Oberzentrum ist der nördliche Bereich des Regierungsbezirkes Schwaben mit dem Oberzentrum Augsburg, woraus sich die relativ hohen Verbreitungswerte der Abozeitungen in diesem Einzugsbereich erklären lassen. In den Fremdenverkehrsgebieten des Alpenraums und des Bayerischen Waldes können die vergleichsweise niedrigen Verbreitungswerte auch durch die Wahl der Bezugsgröße "Wohnungen" beeinflußt sein. Freizeitgenutzte Wohnungen (Anteile bis zu 25%) ziehen in der Regel keine lokalen Zeitungsabonnements nach sich, da die Identifikation mit dem Hauptwohnsitz im Bedürfnis nach kontinuierlicher Information dominant bleibt.

P. Gräf

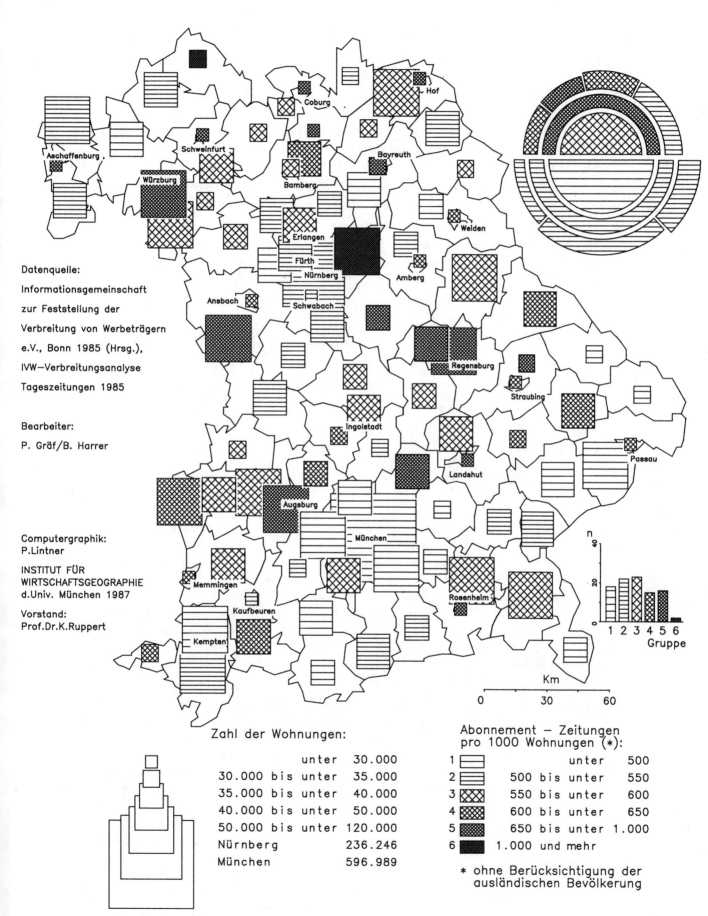

Karte 78: Verbreitung von Abonnement- und Kaufzeitungen (Tageszeitungen) 1985

In der vorausgegangenen Karte wurde die grundsätzliche Problematik der Darstellung von Verbreitungsintensitäten der Presse bereits erläutert.

Gegenüber den Abonnementzeitungen weisen die Straßenverkaufszeitungen in ihrer räumlichen Zuordenbarkeit einen größeren Unschärfebereich auf, da sie am Wohnort, auf dem Pendelweg oder am Arbeitsort gekauft und damit statistisch erfaßt werden können. Gleichermaßen kann es zu räumlichen Verschiebungen der Besatzwerte kommen, wenn saisonal in Fremdenverkehrsgebieten Zeitungskäufe (überwiegend Boulevardpresse) getätigt werden.

Da die dargestellten Werte aus dem I. Quartal 1985 stammen, sind die fremdenverkehrsbezogenen Erhöhungen der Verbreitungszahlen wesentlich geringer als in den Sommerquartalen.

Die Tabelle gibt zunächst einen Überblick über die regionale Konzentration der zehn auflagenstärksten publizistischen Einheiten (mit jeweils über 100 000 Auflage). Die übrigen 17 Zeitungsmäntel haben mit drei Ausnahmen ihren Sitz in Nordbayern.

Tagespresse in der Bundesrepublik Deutschland
Publizistische Einheiten (Stand Juli 1985)

	Standort	Zahl der in den Publizist.Einheiten kooperierenden Verlage als Hrg.	mit... redaktionellen Ausgaben	Verkaufte Auflage in Tsd. (I/1985)
Bayern		97	266	2 900,8
Süddeutsche Zeitung	München	1	14	353,1
Augsburger Allgemeine	Augsburg	18	25	340,9
Nürnberger Nachrichten	Nürnberg	13	32	311,8
Abendzeitung	München	1	2	271,4
Münchner Merkur	München	6	24	239,5
tz	München	1	1	181,2
Passauer Neue Presse	Passau	2	15	148,2
Main Post	Würzburg	1	10	129,1
Straubinger Tagblatt	Straubing	6	14	124,1
Mittelbayer. Zeitung	Regensburg	2	9	114,3
17 weitere Zeitungen		46	120	90,0-8,2

Quelle: Media-Daten 1986 - gekürzt

Die nach außen erscheinende Persistenz lokaler Blätter, vor allem im nördlichen Schwaben sowie in weiten Teilen Frankens (trotz erheblicher Konzentrationsprozesse der publizistischen Einheiten als Herausgeber - siehe Tabelle), hat vor allem in Räumen ausgeprägten Pendlerwesens zu Kombinationen von Abonnement des lokalen Blattes mit dem mehr oder weniger regelmäßigen Erwerb von Straßenverkaufszeitungen geführt. Insgesamt sind damit auch in diesen Räumen hohe Intensitäten zu verzeichnen, die jedoch einen anderen Hintergrund haben. Die Ergänzung der Lokalpresse durch den sensationsorientierten, unterhaltenden Charakter der Boulevardpresse, losgelöst von den räumlichen Alltagsbezügen des Lesers, unterstützen diesen Trend weiter. Das Leserverhalten der Presse zeigt somit Parallelen zum Informationsverhalten und zur Programmwahl beim Fernsehen.

Die kleinräumliche Struktur lokaler Berichterstattung in Gebieten mit einer überdurchschnittlichen Zahl von Lokalzeitungen führt zu einer stärkeren Leserblattbindung, relativ unabhängig vom Erstellungsort des Zeitungsmantels. In Nordbayern ist deshalb in ausgesprochen ländlich orientierten Gebieten meist eine intensivere Verbreitung von Tageszeitungen festzustellen als im südlichen Mittelfranken oder im östlichen Niederbayern. Es darf nicht übersehen werden, daß ergänzende Informationsmittel der lokalen und sublokalen Ebene (Stadtteilblätter, Anzeigenblätter mit redaktionellem Teil, Gemeindemitteilungsblätter), die vor allem nach 1980 einen starken Aufschwung nahmen, die Aussagen zur Verbreitung der Tageszeitungen als lokalem Informationsträger relativieren können. P. Gräf

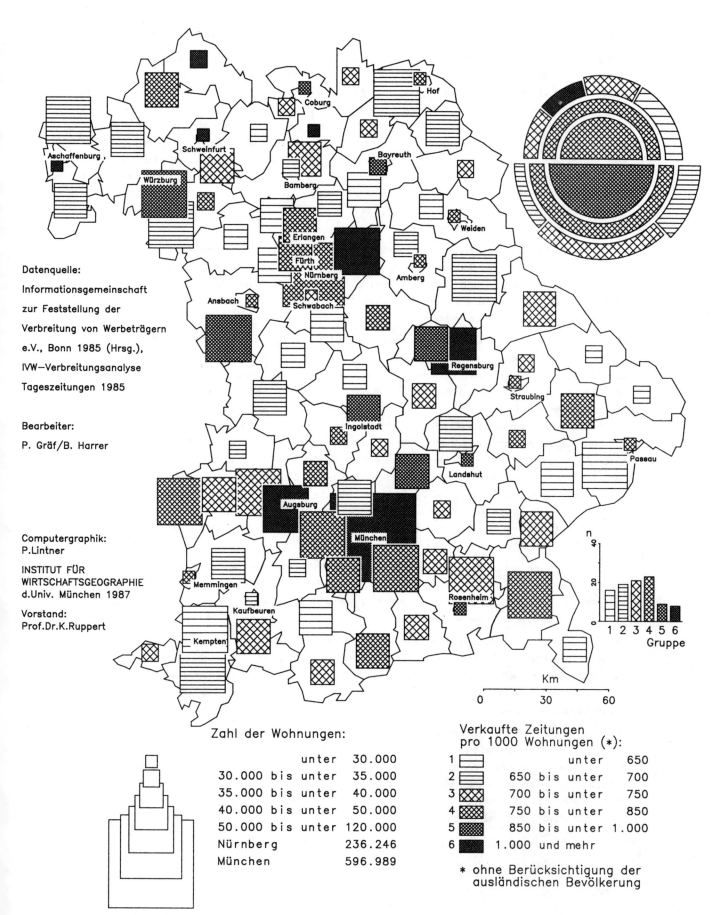

Karte 79: Anteile der Regionalausgaben von Tageszeitungen (ohne Boulevardpresse) 1985

Die Heimatpresse war in Deutschland seit jeher die bedeutendste Zeitungssparte. Sie lag in Händen zahlreicher Verleger, hatte jedoch nur geringe Auflagenhöhen. Schon in der Weimarer Republik entwickelte sie sich daher zur Maternpresse, also Tageszeitungen, die ihren Mantel von Materndiensten bezogen und sich inhaltlich nur noch im Lokalteil unterschieden. Im Prozeß der Pressekonzentration seit den fünfziger Jahren behielt die Heimatpresse zwar dieses Prinzip bei, war jedoch ansonsten erheblichen Wandlungen unterworfen. Das Erscheinen zahlreicher Heimatzeitungen mußte eingestellt werden - was oftmals zur Alleinstellung von Tageszeitungen führte -, oder sie wurden von größeren Verlagen aufgekauft. Somit ist der heutige Typ der Heimatpresse gekennzeichnet durch die in zentralen Orten erscheinenden Hauptausgaben und deren Regionalausgaben mit identischem Mantel, sowie einigen wenigen regional oder lokal erscheinenden Blättern.

Karte 79 stellt das Verhältnis der verkauften Auflage von Abonnement-Tageszeitungen mit eigenem Regionalteil derjenigen ohne gegenüber. Dabei wurden Hauptausgaben zu ihrem Erscheinungsort gezählt, auch wenn davon ausgegangen werden muß, daß sie teilweise einen darüber hinausgehenden Raum versorgen, und Regionalausgaben wurden zu ihrem kleinsten Anzeigenbelegungsgebiet gezählt.

Für Bayern ergibt sich ein inhomogenes Bild. Dies ist im wesentlichen ein Resultat der erwähnten 30jährigen Pressekonzentration, die viele Gebiete erheblich ausgedünnt, andere durch einen vergrößerten Versorgungsbereich oder die Monopolstellung einer Zeitung jedoch neugeordnet und unter Umständen gestärkt hat. So erkennt man im östlichen Niederbayern trotz geringer Zahl verbreiteter Zeitungen (siehe Karte 80) sowie in der südöstlichen Oberpfalz einen hohen Anteil an Regionalausgaben. Diese Gebiete decken sich zum Großteil mit dem Monopolgebiet der PASSAUER NEUEN PRESSE und ihren Regionalausgaben, und zum kleineren Teil mit dem Verbreitungsgebiet des STRAUBINGER TAGBLATTS und seinen Regionalausgaben. Die Randlage zu den beiden Oberzentren Nürnberg und München, zusammen mit der 'guten' Versorgung durch Regionalausgaben, wird hier wie im nordöstlichen Teil Oberfrankens deutlich. Der geringe Anteil in den Landkreisen um die Städte Weiden, Regensburg, Straubing und Landshut erklärt sich durch die Mitversorgung der in den kreisfreien Städten erscheinenden Hauptausgaben.

Das deutlich von hohen Anteilen geprägte Gebiet im westlichen Mittelbayern ist das Verbreitungsgebiet von einigen wenigen großen Verlagen, die jedoch mit zahlreichen Regionalausgaben auf dem Markt erscheinen. Auch hier spiegelt sich eine gewisse Persistenz abseits der höheren zentralen Orte wieder.

Das südliche Bayern, insbesondere Oberbayern, mit seiner traditionellen Affinität zur Landeshauptstadt ist nur in deren Verdichtungszone ausgezeichnet mit (konkurrierenden!) Regionalausgaben (SÜDDEUTSCHE ZEITUNG und MÜNCHNER MERKUR) versorgt. In den übrigen Gebieten stehen relativ hohe Auflagen der Hauptausgaben dieser beiden Verlage den Haupt- und Regionalausgaben kleinerer Verlage gegenüber.

Zusammenfassend gilt festzuhalten: a) Die Verbreitungsgebiete von Regionalausgaben decken sich kaum mit den Verwaltungsgrenzen. b) Höhere zentrale Orte mit ihren größeren Aktionsreichweiten und in der Funktion als überregionale Informationszentren bedingen auch höhere Anteile an überregionalen Tageszeitungsprodukten. c) Periphere Räume sind nicht homogen, da wirtschaftliche Gründe der Verlage, Tradition in der Regionalberichterstattung und unterschiedliche zentralörtliche Verflechtungen hier eine große Rolle spielen. R. Borsch

Karte 79
Anteile der Regionalausgaben von Tageszeitungen
(ohne Boulevardpresse) 1985

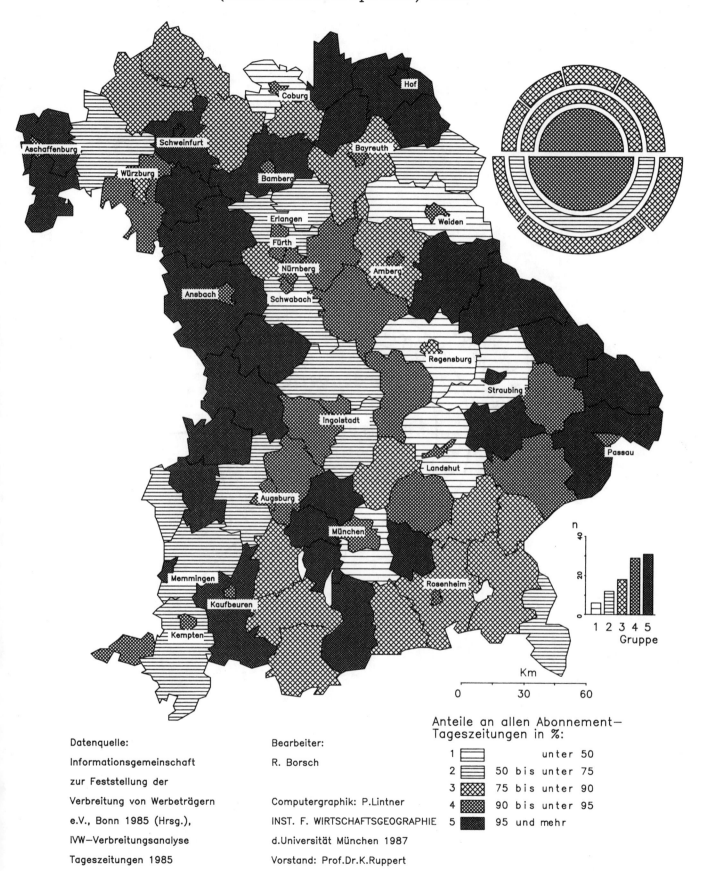

Datenquelle:

Informationsgemeinschaft
zur Feststellung der
Verbreitung von Werbeträgern
e.V., Bonn 1985 (Hrsg.),
IVW—Verbreitungsanalyse
Tageszeitungen 1985

Bearbeiter:

R. Borsch

Computergraphik: P. Lintner
INST. F. WIRTSCHAFTSGEOGRAPHIE
d. Universität München 1987
Vorstand: Prof. Dr. K. Ruppert

Anteile an allen Abonnement—
Tageszeitungen in %:

1 unter 50
2 50 bis unter 75
3 75 bis unter 90
4 90 bis unter 95
5 95 und mehr

Bayern — aktuelle Raumstrukturen im Kartenbild

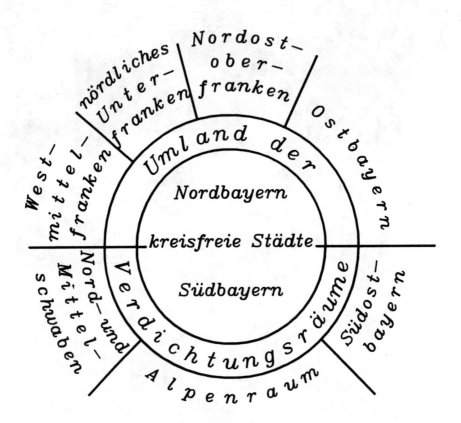

Karte 80
Landkreise und kreisfreie Städte in Bayern

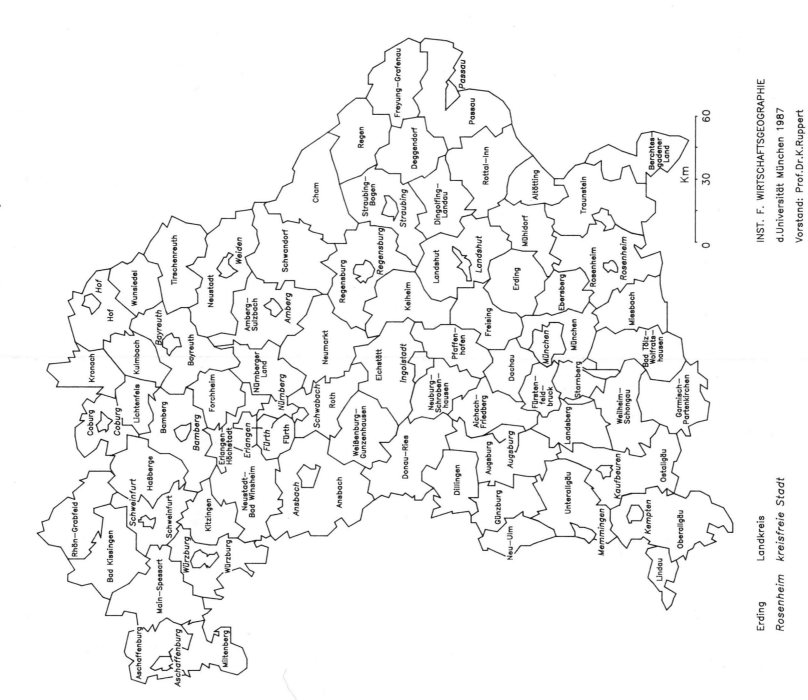

Räumliche Zuordnung der kreisfreien Städte und Landkreise im Struktursymbol

Nördliches Unterfranken:	Haßberge	Nordostoberfranken:	
Bad Kissingen	Main-Spessart	Coburg	Kulmbach
Rhön-Grabfeld		Hof	Lichtenfels
		Kronach	Wunsiedel i. Fichtelgebirge

Westmittelfranken:
Kitzingen Neustadt-Bad Windsheim
Ansbach Weißenburg-Gunzenhausen

Ostbayern:
Freyung-Grafenau Neumarkt i.d. Oberpfalz
Regen Neustadt a.d. Waldnaab
Amberg-Sulzbach Schwandorf
Cham Tirschenreuth

Umland der Verdichtungsräume in Nordbayern:
Bamberg Nürnberger Land
Bayreuth Roth
Forchheim Aschaffenburg
Erlangen-Höchstadt Miltenberg
Fürth Schweinfurt
Würzburg

Kreisfreie Städte in Nordbayern:
Amberg Fürth
Weiden Nürnberg
Bamberg Schwabach
Bayreuth Aschaffenburg
Coburg Schweinfurt
Hof Würzburg
Ansbach Erlangen

Kreisfreie Städte in Südbayern:
Ingolstadt Straubing
München Regensburg
Rosenheim Augsburg
Landshut Kaufbeuren
Passau Kempten
Memmingen

Umland der Verdichtungsräume in Südbayern:
Dachau München
Ebersberg Neuburg-Schrobenhausen
Eichstätt Pfaffenhofen
Erding Starnberg
Freising Regensburg
Fürstenfeldbruck Aichach-Friedberg
Landsberg Augsburg
Neu-Ulm

Nord- und Mittelschwaben:
Dillingen Unterallgäu
Günzburg Donau-Ries

Südostbayern:
Altötting Passau
Mühldorf a. Inn Rottal-Inn
Deggendorf Straubing-Bogen
Kelheim Dingolfing-Landau
Landshut

Alpenraum:
Berchtesgadener Land Traunstein
Bad Tölz-Wolfratshausen Weilheim-Schongau
Garmisch-Partenkirchen Lindau
Miesbach Ostallgäu
Rosenheim Oberallgäu

Erding Landkreis
Rosenheim *kreisfreie Stadt*

INST. F. WIRTSCHAFTSGEOGRAPHIE
d.Universität München 1987
Vorstand: Prof.Dr.K.Ruppert